生活因阅读而精彩

生活因阅读而精彩

参透人生便是禅

便是禅

顺逆都自在的14堂开悟课

韦渡⊙编著

CANTOU RENSHENG BIANSHICHAN
SHUNNI DOU ZIZAI DE 14TANG KAIWUKE

中国华侨出版社

图书在版编目(CIP)数据

参透人生便是禅:顺逆都自在的14堂开悟课/
韦渡编著.—北京:中国华侨出版社,2012.5

ISBN 978-7-5113-2286-9

Ⅰ.①参… Ⅱ.①韦… Ⅲ.①人生哲学–通俗读物
Ⅳ.①B821–49

中国版本图书馆CIP数据核字(2012)第059842号

参透人生便是禅:顺逆都自在的14堂开悟课

编　著 / 韦　渡
责任编辑 / 晴　光
责任校对 / 孙　丽
经　销 / 新华书店
开　本 / 787×1092毫米　1/16开　印张/18　字数/254千字
印　刷 / 北京建泰印刷有限公司
版　次 / 2012年5月第1版　2012年5月第1次印刷
书　号 / ISBN 978-7-5113-2286-9
定　价 / 32.00元

中国华侨出版社　北京市朝阳区静安里26号通成达大厦3层　邮编:100028
法律顾问:陈鹰律师事务所
编辑部:(010)64443056　　64443979
发行部:(010)64443051　　传真:(010)64439708
网址:www.oveaschin.com
E-mail:oveaschin@sina.com

序　言

禅者佛心，参悟人生

人生在世，人们常常感到不如意。现代生活忙碌紧张，束缚身心，人们早已没有逍遥舒展的心境，揽月观花的闲情，俯仰于世的自在，于是人们常常感叹心灵的迷失，感叹生活的盲目，感叹人生只是一场艰辛的苦旅，并为此痛苦忧虑。

想要慰藉贫乏的心灵，我们需要"开悟"。"开悟"就是靠自己的悟性让思维得以沉淀，让心灵能够清静。只有内心没有波澜，不因苦难而痛不欲生，也不因顺境而欣喜若狂，在任何时候都保持一颗平常心，才能在纷繁人世中保持最佳的应对态度。这种心灵上的开悟，必须求助于一种古老的智慧，这就是禅。

禅，既代表一种智慧，也是佛教的一种修身方法，即通过静思参透世情，达到自在与超脱的境界。禅并不是一个高深玄虚的概念，更不是佛门中人的专利，我们每个人都能够修禅，通过自身努力达到自在境界。不妨听听下面这个故事：

有个医生医术好，医德高，每天都在救死扶伤。然而，医术再好的医生也难免面对病人的死亡。医生为此痛苦，有一次他问一位禅师："什么是禅？禅能够参透生死吗？"

1

禅师说:"修禅之人的确能参透生死,不再畏惧死亡。"

医生连忙问:"如何修禅?"

禅师说:"修禅不难,你是一个医生,好好对待你的病人,那就是禅。"

医生不解,后来连续几次询问禅师,禅师都给他同一个答案。最后一次询问,禅师无奈地回答:"有时间来寺院询问如何参禅,不如回医院好好照顾你的患者。一个人倘若不能担负自己的责任,对他人没有爱心,怎么能参禅?"

可见,参禅并不高深,世间每个人都可以拥有一颗佛心。禅的要旨是教导人们活在当下,要对自己负责,对身边的人负责;修禅就是在学如何做人,如何在复杂与困难之时拥有耐性,在寂寞与矛盾之时懂得坚持,不争不求,不急不躁,得到为人处世的智慧。

《参透人生便是禅》是一本深入浅出的修禅读本,一本适合都市人提高自身修养的心灵手册。我们无须逃离生活,不必追求超越生死的境界,也不必强求参透万事的智慧,只要懂得如何调整自己,如何陶冶性情。顺境也许会变成逆境,欢乐转眼也许就成为失落,而拥有一颗平静的心,却能在苦难的时候为自己的得到而欣喜,在狂欢的时候为自己的不足而自省,参透人生的风风雨雨,看淡生活的是是非非,体会生活的真味,享受真正的自在。

目录
CONTENTS

第 *1* 课 凡事皆有极重大之时,沉得住的便是静者

　　参禅悟道,首先要做到本心清静。事有大小,静为常态才能不痴不妄,沉住气性,在烦琐之时钻研出学问,重大之时修炼出气度。

　　人生之静,并非使生活如一池死水,不起波澜,而是静心忍性,在磨难中提取智慧,达到自如的境界。一双慧眼,一颗慧心,自可化劫难为造化,于厄运觅转机。

1

第2课　凡事皆有极复杂之时,拆得开的便是智者

心灵没有智慧,如行路没有双目,纵然路走得再多,事做得再好,也会偏离目标,达不到想要的效果。想要选对做事的方法,先要有做对事的眼光,这便需要智慧。

禅是一种智慧,有禅心的人就是智者。世事难免复杂,看得透起因,理得清条理,拆得出重点,然后权衡得失,周详布局,谨慎从事,就是解决事情的最佳办法。

第3课　凡事皆有极关键之时,抓得住的便是明者

命运并非天定,凡事尽在人为。成败的关键在我们每个人手中,抓得住的人如遇东风,鹏程万里;抓不住的只能庸庸碌碌,一无所成。

禅者通明,因此能够克制自我,不被世事迷惑,于关键处抓得住重点,抓得住方法,抓得住机会,抓得住自己的心,如此行事,即便功败垂成,也能不留遗憾与悔恨。

第4课 凡事皆有极矛盾之时,看得透的便是悟者

万事存在矛盾,事与事、人与人、人与事有时如乱麻一团,剪不断,理还乱,让人们头痛不已。唯有及时看透情境变化,调整自己的思路,才能做出成绩。

禅者了悟。明了自己的境地,坚持自己的主张,尊重自己的对手。变通自己的行事方法,才能于矛盾处求出路、求发展。领悟矛盾,便是领悟如何生活,如何做人做事。

参透人生便是禅

顺逆都自在的14堂开悟课

第5课 **凡事皆有极寂寞之时,耐得住的便是逸者**

　　人生有追求便有寂寞,王国维说人要做事业,要望尽天涯,衣带渐宽,众里相寻,这都是寂寞而又苦闷的体验。但也正是寂寞,成就了人们的深思、独立、坚韧、自如。

　　想拥有一颗禅心,便要耐得住寂寞,守得住信念。不因一时的无助而放弃,不因一时的失意而失志,不因无人理解而降低自己,这才是超脱之人、飘逸之人。

第6课 **凡事皆有极困难之时,打得通的便是勇者**

　　为者常成,行者常至。每个人都有面对困境之时,与其畏手畏脚,怨天尤人,哀叹自己没有能力,不如凭借一腔勇气,建立自信,突破灾难,当个响当当的勇者。

　　对修禅者而言,逃离困境就是远离菩提,失去了了解苦难、参透苦难、超越苦难的机会。困难是成功的试金石,勇者无惧,既拥有明日的机会,又拥有充实的人生。

第7课 睿智的人看得透，故不争

人世百态，有人追逐名利，有人沉溺声色，有人惑于成败，有人痴于爱恨，你方唱罢我登场。若能将这名利色阵看透，不争不斗，才算得上睿智。

禅者睿智，相信肉眼参详世界，心灵思考人生。凡事需要看明白，而不需要争明白，不必为身外之物费尽心机，守内心淡泊和善，才能于不争中尽享人世风光。

第8课　豁达的人想得开，故不求

俗事扰扰，人心欲求太多，故为人处世斤斤计较，行止起居常怀担忧，难得安稳与开心。人生还长，路程尚远，你需要一份豁达的心胸，才能放下大千世界。

禅者不强求，他们看开造化，讲求缘法，不挽留逝去的事物，也不期盼分外的收获，更不计较人世的纠葛，万事顺其自然，得意失意都能安泰。

第9课　得道的人晓天意，故不急

人们常常羡慕那些"得道高人"，这"得道"并不是宗教上的意义，而是说他们参透世情，知天命，乐人事，虽处俗世之中却能不惊不扰，拥有大智慧与大气量。

禅者乐天知命，不骄不躁，不急不迫。他们有平和的心境，了解自己是谁，需要做什么，不以自身境遇定喜乐，常常记挂他人，故意境高远，令人感佩心服。

第 10 课　厚德的人重谦和,故不躁

　　人无德不立,道德是每个人应当具备的基本生存意识,每个人都应该注重道德的培养,常常自省,时时修身。道德如树的根基,根基越深,人越安稳苗壮。

　　禅者谦和,懂得唯宽可以容人,唯厚可能载物,不因妄念生躁动,不以尊卑定亲疏,温和地对待每一个人、每一件事,如春风化雨,润物无声。

第 *11* 课　明理的人放得下,故不痴

常言道:"酒足狂智士,色足杀壮士,名利足绊高士。"世人放不下酒色财气,所以成痴,唯有放下才是灵魂的出路。所谓"放下"不是放弃责任,而是完成责任,同时解脱心智。

禅者明理,万事万物都遵循着一定的法则,不会错误地执著于一事一物,也不会过度苛求他人。他们放下的是痴念,得到的是无负荷的心灵,海阔天空的人生。

第 *12* 课　重义的人交天下,故不孤

"义"是我国一个古来的概念,也是人们遵循了几千年的道德规范,重义者讲信用、讲原则、存善心,历来为人所称道,被奉为君子。

禅心重大义,始终意念端正,注重诚信,不会损人利己、背离本心。只要心中常怀仁义,行善举、结善缘,自然会与贤者为友,以四海为家,永不会孤单。

第13课　重情的人淡名利,故不独

世间最珍贵的事物莫过于感情,与家人的天伦之情,与爱人的恋慕之情,与友人的相知之情,还有对他人对世界的热情,都是无可替代的存在,有了这些,人才不觉孤独。

修禅的人同样重情,因为他们把事情看得透彻,就更明白感情的可贵。世间很多事需要看淡,如名与利,得与失,是与非,唯有重情的心,能够慰藉我们的灵魂。

第14课　知足的人常快乐，故不老

　　李叔同说：事能知足心常惬，人到无求品自高。人们常常觉得生活给予的不过是紧张与烦躁，悲哀与苦闷，于是人虽不老，心态已然垂老，没有半分热情。

　　禅者知足，既愿意品尝甘甜，也愿意承担苦涩，因为这都是生活的馈赠。唯有明白自己所拥有的，珍惜自己所拥有的，才能真正明白何谓年轻，何谓快乐。

凡事皆有极重大之时，沉得住的便是静者

　　参禅悟道，首先要做到本心清静。事有大小，静为常态才能不痴不妄，沉住气性，在烦琐之时钻研出学问，重大之时修炼出气度。

　　人生之静，并非使生活如一池死水，不起波澜，而是静心忍性，在磨难中提取智慧，达到自如的境界。一双慧眼，一颗慧心，自可化劫难为造化，于厄运觅转机。

人生如处荆棘丛中，静者不伤

气静人则平，神静人自清，心静人则悟。

一次，庄子与一位君王谈话，正看到一只猴子在树林间跳跃。君王对庄子说："您瞧这只猴子身手灵活，在树林之中游玩，多么自在，多么开心。"

庄子看着那不断跳跃的猴子，笑着对君王说："这猴子现在虽然开心，但如果有一天，它误入荆棘丛中，就算有再灵活的身手，它也一筹莫展。"

有一位禅师曾说："人生在世如身处荆棘林。"这句话说得真好，形象贴切，让人感同身受。我们有时候也会觉得自己像庄子口中的猴子，在荆棘丛中，全身的本事无法施展。那位禅师又说："心不动则人不妄动，不动则不伤；如心动则人妄动，则伤其身、痛其骨，于是体会到世间诸般痛苦。"由此可见，每个人的生活都是苦难的历程，每个人都会受苦。

曾有哲人这样评价婴儿的啼哭："婴儿降生为什么会啼哭？因为他从此离开母体的呵护，独自一人在这世间漂泊，要忍受种种痛苦与煎熬，他怎么会不哭呢？"是的，从降生到成熟，没有人能够一帆风顺，成长的每一步都伴随着困境与伤痛，这些伤痛都会变为心灵的划痕，留下大大小小的伤疤。佛教说人生有七苦，任谁也避免不了。

生活在都市中的现代人，特别是那些为生计奔波的人，更加理解"苦"的含义。沉重的工作，巨大的生存压力，复杂的人际关系，使他们的内心日渐疲乏，每一天都生活在焦虑与失望中。焦虑，是因为压力得不到合理疏解，思虑越来越重；失望，是因为理想与现实差距过大，对自己、对他人、对环境产生不满。

心病还要心药医，那么，究竟什么是心药？什么是最有效的疏解方式？

这种方式不能依靠他人,因为他人不是你,永远只能按照他自己的思维方式帮你出主意,那主意也许好,却未必适合你;也不是环境,环境从不迁就任何人,只有人适应环境才能更好地生存。你需要领悟生存的智慧,在纷繁的人世,只有一颗禅心能让人平静;静,则不伤。

从前有位禅师,他云游四方,最后回到出家的寺院。他每天都会坐在大殿里通宵打坐。

这一天,知事僧打开大殿的功德箱,突然大呼起来。原来,功德箱里少了一大笔钱。和尚们都说,昨夜并没有人进入大殿,一定是打坐的禅师偷走了这笔钱。

面对众人的指责,禅师并不解释,也拿不出那笔钱。大家认定他就是小偷,每天都对他投以鄙夷的目光。而禅师仍然心平气和,照常打坐,没有流露半点不满。

这样的日子过了半个月,出去办事的方丈回到寺院,听说这件事后连忙说:"那笔钱是我拿走的,你们冤枉了禅师。"众人连忙去对禅师道歉,他们都说:"在这样的怀疑下竟然能做到不慌张,以一颗平常心生活,这才是真正的修为和境界!"

当一个人被他人冤枉,最好的办法是什么?是拿出证据辩解。但事有凑巧,如果刚好拿不出证据呢?这个时候争辩毫无意义,最好的办法就是沉默。在别人不相信你的时候,任何解释都是徒劳。人正不怕影子歪,只要问心无愧,相信事情总有水落石出的那一天,旁人的猜测就不能损害你的内心。以淡定的态度对待是是非非,这就是"静者不伤"。

禅之要义是心静。沉默,正是心静的外在体现,因为心中没有妄念,没有不合时宜的冲动,自然不会草率行动。沉默者最初让人觉得木讷无趣,接触得久了,就会发现此类人往往有大智慧、大底蕴。他们不说,只因深知三思而后行的重要。在面临困境的时候,沉默的人能够容忍误解与困苦,他们并非逆来顺受,而是积蓄后劲,等待时机扭转局面。

有一首歌叫《沉默是金》,其中一句歌词说:"是错永不对,真永是真。

任你怎说,安守我本分。"安分守己的人知道沉默的可贵,特别是在喧哗的人群中,沉默的人自有一种气度,让人不敢小觑,不愿生疑。如果能够守住内心的坚持,不随波逐流,不人云亦云,凡事有自己的原则,久而久之,沉默就会令人信服,令人尊敬。不必在乎外界环境的苛刻,用静与默当做保护自我的盾牌,足可抵御外界的真真假假,保持内心的平和。

静水流深,大音声希

当你要开口说话时,你所说的话必须比你的沉默更有价值才行。

慧远禅师与无定禅师在一起品画。慧远禅师说:"画能够传达画师的心声,看一张画,就能够看出画画人的性格。"无定禅师说:"那你说说,哪一位画师最有禅心。这一张如何?"

那张画画了春日田野,春光无限。慧远禅师说:"此人心内被春光所染,乃世俗之人。"

"那这一张如何呢?"无定禅师又指向另一张画,那张画上深山一座,古刹一方,幽深宁静。慧远禅师说:"此画有出世的冷僻,但太过凄清,乃避世之人。"

"那么,哪一张画的画者有禅心?"无定禅师问。慧远禅师指向一张画,画上风雨交加,乌云翻滚,雷电轰隆,而山崖间有一鸟巢,里边的母鸟护着小鸟,径自入睡。

"您说得没错!"无定禅师惊叹:"这是我国最有名的高僧所画!"

艺术作品往往最能反映一个人的格调。古人从一个人的墨迹中能够揣度出这个人的为人与禀性。画作同理,画家描绘的景致更能反映其心中所思所想。内心浪漫的人喜欢画明媚春光与花花草草,孤僻内敛之人喜欢画深山古寺,以标榜自己清幽雅致。一个内心平静的人却会画暴风雨之中的闲庭信步,以表达内心的安泰。

人生也难免要经历暴风雨,这风雨也许是一次失败,也许是突如其来的打击,也许是一场意外,也许是长久以来求之不得的失落,也许只是内心突然对现状不满和因此而来的不安稳心态。这个时候最能考验一个人的定性如何。是惊慌失措,还是坦然面对?有一句诗写出了一种大无畏的气魄:"不管风吹浪打,胜似闲庭信步。""闲庭信步",指的是在大风大浪之前要沉得住气,就如画中那只在暴风雨中安睡的母鸟,因为心中没有畏惧,何时何地都能入睡。

宁静是一种有容乃大的心态,就像最深的水潭表面上看起来是最静的,没有什么声音。它最不易因为外界的一点响动而翻腾不已,而且最有容量。倘若人的心胸能够像沉静的流水,自然能够容纳外界的一切声响,包括那随时都可能袭来的暴风雨。想要修炼自己的内心,就是要扩大它的容量,让它如一泓深水,能够包容越来越多的喜怒哀乐,悲欢离合。

中国古代的皇帝很重视人们对自己的评价,在他们生前,不但会建好自己的豪华陵墓,还会关心自己的碑文。皇帝们都希望碑文写满自己的丰功伟绩,供后世永远怀念。

在众多帝王中,只有武则天独树一帜。她嘱咐在她死后,不要在墓碑上撰写任何碑文,就留下一块无字碑给后人,让后人任意评说。

历朝历代,不少人对这块无字碑向往不已,人们认为比起连篇累牍的赞颂文字,这块无字碑才真正体现了女皇的心胸与远见。她没有说任何一句话,人们却对她念念不忘;没有写一个字,字却印在了后人的心上,这大概就是古人所说的"大音声希"。

她做了一件任何女人都做不到的事,她留了一块历代帝王都不敢留的碑,这就是中国唯一一位女皇帝武则天的一生。历代帝王都在意后人对自己的评价,希望在史册上有一个光辉形象,相信武则天也有这样的愿望。但比起那些拼命为自己歌功颂德的人,武则天则更有智慧,她知道坏的就是坏的,不会因为几句好话就变好;好的就是好的,只要做得够多,黎民百姓自然记在心里,公允的史臣自有公正的评价。所以,她选择沉默,选择大智无言。

真正有价值的东西是稳健的、沉重的,就像人来人往的石桥,人们站在桥上的时候,往往忘记桥的存在,但提起某条河,人们首先想到的却是河上的桥,而不是桥上的人。所以,变动不居的东西,远不如静止无言的东西来得长久。

沉默与宁静是一种力量,让人远离世俗的喧嚣,保持个性的独立与心性的完整。古语说:"大音声希","大音"就是大道,真正的境界不需要声音,沉默的力量远胜于喧哗。最聪明的人不会炫耀自己的聪明,最成功的人是那些懂得默默努力的人。与其高声呼叫,提醒众人自己的存在,不如默默流淌,将自己的生命流成一条静静的长河,供人敬仰和评说。

锋芒毕露是招惹是非的祸根

祸从口出是非生,破败由来皆自惹。

我们从小就知道"孔融让梨"的故事,那个从小就聪明礼让的才子是我们童年时的楷模。可是,历史上的孔融命运却并不好。

也许是因为年少就聪明,孔融自视甚高,锋芒毕露。有一次,他和父亲去拜访一位朋友,刚好有个叫陈炜的官员也在那位朋友家里做客。互相介绍后,陈炜语带不屑地评论孔融说:"小时候聪明的人,长大未必有智慧。"

孔融立刻说:"那么想来,您小时候一定非常聪明!"陈炜被堵得目瞪口呆,最后说:"你虽然聪明,但如果改不了这个一逞口舌之快的毛病,恐怕将来会有祸患。"

陈炜说得果然没错,孔融长大后,仍然改不了心高气傲的毛病。他效力于曹操麾下,却经常对曹操冷嘲热讽,曹操对他一忍再忍,终于有一天受不了他的恃才傲物,给他冠了个"谋反"的罪名,将他处死。

人们常说年少成名,名气大多不会持久,因为少年心性一旦有才名相伴,加上众人的夸赞之声,就很容易让人丧失对自己的警惕,变得骄傲自大。因为自视太高,难免在与人相处时气性太盛,锋芒毕露,在言语之间得罪他人而不自知。三国时期的孔融就是这样一个例子,如果他对待别人能像对待自己哥哥那样做到谦恭礼让,又怎会落得这样悲惨的结局?

提到灾祸,人们头脑里蹦出的第一个念头就是"倒霉",对待自己遇到的灾祸,更有多种借口安慰自己,比如"运气不好"、"没赶上好时候"、"遇到的人不对"等等。但仔细分析,有多少灾祸是"运气不好"?有多少是"自作自受"?

性格决定命运,生命中的某些灾祸的确来自不可测的外界因素,但更多的,是我们自身性格埋下的祸根。不懂得收敛锋芒,最容易招致祸端。木秀于林风必摧之,有时候不是风摧,而是树木太爱显摆自己,因此被周围的人嫉恨。还有一部分人不收敛锋芒也就算了,还要刻意招惹、贬低他人,以提高自己的身价,这样的人怎能不结下仇敌?

森林里,百鸟之王要给自己的女儿——美丽的白鸟公主找一位女婿,各路鸟儿都来求婚,白鸟公主逐一观察,最后对父王说:"父王,我觉得孔雀最有贵族仪态,而且它看上去知书达理,沉稳可靠,我愿意他做我的丈夫。"

鸟王很高兴,当即宣布孔雀为王国贵婿。众鸟纷纷向孔雀道贺,孔雀喜上眉梢,不知不觉间,得意忘形,展开美丽的雀屏对众人说:"我早就说过我不是一般的鸟儿,现在你们知道我有多优秀了?"

这一幕恰好落进白鸟公主眼中,它立刻飞到鸟王面前说:"父王,我后悔了,这只孔雀如此爱炫耀,显然是没有才学的油滑之辈,我怎么能嫁给他?我仔细看了又看,还是觉得苍鹰英俊不凡、沉毅果敢,我不嫁孔雀,要嫁给苍鹰!"

鸟王也看出这只孔雀虚荣炫耀,当即宣布女儿的夫婿另有其鸟。刚刚还在吹嘘的孔雀瞬间从天堂跌到地狱,垂头丧气地飞走了。

当一个人普普通通的时候,他知道安守本分的重要,不会主动惹事。当一个人有了成绩,他觉得多年的压抑终于有了收获,忍不住翘起尾巴,这个时候最容易乐极生悲。就像故事里的孔雀,一点喜事就扬扬得意,难怪人们说:"有一点成绩就沾沾自喜的人,成不了大事。"

世界很大,即使做出了成绩,得到了褒奖,也要知道优秀的并不只有你。不要立刻去炫耀自己手中的本钱,锋芒毕露只会暴露自己的无知与弱点,给对手以可乘之机。低调一点,才能把握住更多的机会。不要害怕没人知道自己,没人认同自己,是金子总会发光。

人们常常说:"人往高处走",又有一句话说:"高处不胜寒",人们走得越高,就越容易暴露自己,越容易因自己的优秀得罪他人,这时候更需要处处小心,防止明枪暗箭对自己的伤害。这份"小心"不应该在高处修炼,在低处的时候,我们就应该有这样的心态。上好的宝剑平日都藏在剑鞘里,真正的才能不妨在最关键的时候展示。所以,在任何场合,沉默一点都是好事,管得住自己的嘴,才管得住自己的行动。管得住自己的行动,才管得住自己的心。

流言声中过,是非不沾身

凡他人之言,由耳入心,便是是非;经耳不经心,为闲语;不入耳不入心,是为禅定。

有个禅师画艺极佳,是众所皆知的国手。可是他的人品却让人不大佩服,这位禅师每次为人作画,必要求画的人先付酬金,否则便不肯动笔。每当他出现在城里,大家就会说:"那个爱钱的和尚又来了。"

禅师的朋友,城里的一位地主极力为禅师澄清说:"他之所以索款,是因为他的师父生前曾许愿在山上造一座佛寺,他是为了帮师父还愿。"不管这个地主如何解释, 人们更愿意相信禅师是个贪财之人。禅师也不辩解,照旧为人画画,画前索要酬劳。

一日, 禅师为一位官员画了一幅游春图,画罢掷笔道:"吾师心愿已了!"没多久,山里开始兴建一佛寺。从此后,禅师画画只为自娱,再也不为钱财作画,人们这才相信地主的话。

不论现代还是古代,大众标准都是人们遵循的惯常标准,大众评价代表了主流看法。以我们的观点,一个人,倘若很多人都说他不错,他的品格应该很好;倘若多数人都说他不好,那么至少他在人品上存在一些问题——人们相信,群众的眼睛是雪亮的,一个人犯错,不可能所有人都犯错。

通常情况下,这种观点没有问题,但也有些时候,大众观点不一定是对的,因为大众的眼光也有误区,会误解一些事、一些人。再加上有人喜欢搬弄是非,有人喜欢闲言碎语,一件不存在的事实可能会流传甚广,这就是流言的来源。

没有人喜欢流言,但谁也避不开流言。面对流言,有些人不断解释,结果是在流言的火焰上加了一勺油,让火越烧越旺;还有人无法解释,只能自己揪心,终日为流言苦恼,觉得十分委屈。民国时,女星阮玲玉就因为不堪流言困扰而选择自杀,留下"人言可畏"四个字做遗言。流言有时会变成心灵的毒瘤,有智慧的人需要小心处理,才能不被它伤害。

有个小和尚向无为禅师诉说烦恼:他为人聪明,很得师父欢心,于是师兄弟们经常议论他,说些闲话。无为禅师说:"是你在说闲话。"

"他们居心不端,胡乱议论。"小和尚又说。

"现在是你居心不端,胡乱议论别人。"禅师说。

"他们经常盯着我,多管闲事。"

"是你盯着他们,多管闲事。"

小和尚生气地说:"我这是在关心我自己,管我自己的事!"

无为禅师说:"他们说闲话,就让他们说去,你好好念你的经,做你的事,为什么要管他们在做什么?这岂不是成了和他们一样?"小和尚听了,再也不理会师兄弟们的议论。后来,他成了寺里成就最高的僧人。

当一个人开始关心他人的闲话时,他很容易变成一个说闲话的人,想要不受流言困扰,只有远离流言。不要去理会传播流言的人,不要去计较别人有没有议论你,议论了什么。更不要为几句流言动气。内心有杂念,就会像故事中的小和尚,烦着别人,搅着自己,不得安宁;内心没有杂念,流言自然无处生根。

一个人如何才能做到心内没有杂念?心静。一杯水如果不停搅拌,即使是清水,也会变得混浊不堪。而一杯混浊的水只要放在那里不去动它,慢慢地,杂质就会沉淀,水又变得透明澄清。一个人的内心也是如此,不停接触是非,只会越来越乱,不得清静。相反,那些愿意沉淀自我的人,即使对着流言飞语,也能够做到不听不看。

人们常说:"时间会证明一切。"时间能够让他人分辨出一个人的好坏,一件事的优劣,也能够让我们更加了解自己,认清自己的方向。心不静的时候,先让自己沉默,把一切交给时间。清者自清,浊者自浊,流言终有一天会平复,那时候,人们看到的只剩下你的形象、你的成就,以及你面对闲言碎语时泰然自若的态度。

静者谋定后动,临危不乱

知止而后能定,定而后能静,静而后能安,安而后能虑,虑而后能得。

成公贾是古时楚国的一位贤人,很关心国政。他看到楚国朝政混乱,登基已三年的楚王却不闻不问,不禁为国家担忧。这一天,成公贾决定当面劝谏楚王。

楚王客气地接待了成公贾,成公贾说:"我是街里闲人,近日听说这样一件事,想来问问大王明不明白。有人说他看到一只身披五色花纹的大鸟在楚地已经有三年,可是它从来没有叫过一声,不知是什么原因。"成公贾用了一个比喻,五色花纹的大鸟,是指楚王,不叫一声,是说他对内政外交毫不关心。

楚王说:"看来,这一定不是一只凡鸟,它一动不动,是在积蓄自己的力量,等有一天一飞冲天,一鸣惊人,你何不拭目以待?"成公贾当即明白了楚王的意思。没多久,楚王羽翼丰满,对内任用贤良,铲除贪官污吏;对外征伐,打败楚国的敌人,果然"一鸣惊人"。

关心国政的贤臣向不理朝政的君王进谏,成公贾认为面对混乱的朝政,一个国君应该有所作为,正如面对困境的时候,一个人应该有所作为,"有所为"代表着一个人的能力和担当。一番谈话后,臣子发现君王并非无所为,他选择用一种有策略的方式来达到最佳效果。为了一鸣惊人,先要养精蓄锐,积累足够的实力,创造出充分的条件。

人生难免有困境出现,困境让人束手无策,寝食难安。有时也会消磨人的斗志,让人变得庸碌无为。每个人最初都是心怀梦想的跋涉者,有些人能成功,有些人以失败告终,并不是他们的能力有差别,而在于他们是否能够突破困境。一旦开始跋涉,就要有面对困境的心理准备,路途越长,困境越多,这就更需要有冷静的头脑。

想要解决一个大问题,需要长远的考虑、周密的布署。应对大事最好的办法是厚积薄发,在平日就要默默积累自己的力量,以备不时之需。谁也不知道自己会遇到什么样的情况,所以,雄厚的资本至关重要,不论这资本是学识、资金、人际关系,还是对自己能力的自信。时时刻刻磨炼自己的人,才有可能沉住气,应对重大事件。

哈里和皮特是一对好朋友,他们共同出海经商,赚来一箱金银珠宝,他们准备带着这箱珠宝回到家乡,过富足美满的生活。这一天夜里,哈里和皮特突然听到水手们在低声说话,原来这些水手心怀歹意,他们想要杀掉哈里和皮特,吞掉那箱珠宝。

哈里和皮特惊恐地看着对方,他们到底是老道的商人,立刻打定主意,哈里站起身对皮特大叫:"你这个魔鬼!你这个贪心的人!我过去真是瞎了眼睛,竟然把你当成我的朋友!"皮特不甘示弱地说:"你才是个魔鬼!你竟然想独吞珠宝!我就算把它们扔掉也不给你!"说着他抱起珠宝箱,将箱子从窗户扔进了大海。

当水手们冲进来时,看到哈里和皮特正在咒骂对方,水手们看到珠宝已被他们扔掉,只好悻悻离去。哈里和皮特平安到达港口,他们立即通知警察,将恶毒的水手抓了起来。

重大事件有两种,一种是困难摆在眼前,你缺少克服它的能力,只能默默积攒精力,寻找破绽,努力寻找突破口;还有一种是困难突然来到眼前,迅雷不及掩耳,你没有机会慢慢积攒力量,只能立刻拿出应对措施,唯有如此才能在危急关头保护自己。

在危急关头,人们最需要的仍然是"静",心态平静,头脑冷静,才能调动自己的全副聪明才智,以最快的速度想到解决的方法。就像故事中的哈里和皮特,他们知道惊慌没有用,果断地选择了舍财保命,断了匪徒的后路,留下自己的生路。

在任何时候,冷静都是成功者必须具备的一种素质。冷静,既能让自己在复杂的形势中占据一个清醒的视角,不致被蒙蔽;又能让脑筋不被突来事件打乱,无法做出思考。就像地震时候,恐慌的人在大叫,冷静的人立刻寻找安全地点。多一份冷静,就多一份安全保障。

临危不乱的人有大将之风,因为习惯筹谋,即使在短暂的时间里,脑子里也会习惯性地条分缕析,做出最正确的判断,制订最恰当的计划。这仍然得益于平日的深思熟虑。把深思作为一种习惯,凡事多想想,多看看,你收获的并不只是宁静的内心,还有生存的智慧。

以柔克刚,以低姿态取制高点

能够把自己压得低低的,才是真正的勇敢与智慧。

一位大将对一位禅师说:"我个性耿直,在朝廷上经常得罪人,就连当今圣上有时也受不了我的脾气,我认为长此以往会危害自己,请您给我讲一讲化解的方法。"

禅师说:"化解方法其实很简单,只要知道以柔克刚的道理,不但在朝廷上能够进退得宜,还可以保你日后平安。"

大将反驳说:"我是一员大将,怎么能'柔'?'柔'有什么用?"

禅师回答:"我今年已经有 60 岁,你看我的牙齿,还有剩下的吗?"大将摇摇头。禅师又说:"你看我的舌头,还在吗?"将军点点头。

禅师说:"刚者易折,柔者易生,这就是生存的道理。你如果不能领悟,今后必有祸患。"

自古大将多坎途,因为大将往往为人耿直,性子粗鲁,不懂朝廷生存之道,不是得罪了朝廷大臣,就是功劳过高让皇帝忌怕。禅师劝大将懂得"柔"的道理,是想教导这员大将能够在险恶的朝廷上平安。凡事和顺一点,广结善缘,好过事事逞强,遭人怀恨。

做人应当有理想、有目标,古人追求"顶天立地",追求做得正,行得直,这就是刚强。但是,人们对刚强的理解有时太过表面化,认为刚强就是直来直去,就是不肯低头,甚至等同于固执己见,这就是一种偏颇的理解。刚强,指性格上的正直,指一个人有原则,能够坚持立场。刚强的人也可能懂得圆融处世,懂得在适当的时候,对人对事低头。

过刚的事物为什么容易损伤?因为太过强硬,看上去难以与人共存,自然处处树敌。而柔和的事物对他人、对周围环境都有一定的忍让,自然

13

也就为自己争得了生存发展的空间。在任何时候，共存都比争个你死我活来得重要，各退一步保证各自利益才是成熟的做法。过于强硬的人却不懂这个道理，他们认为低头就是懦弱，退让就是失败。如此要强的结果，往往是让自己吃了大亏。

画师正在练习画猛虎图，他笔下的猛虎吊睛白额，栩栩如生。他的师傅在一旁说："你的画技可谓精进，可惜阅历不够，作画终究落了下乘，到底是年轻人。"

画师不服气地说："师傅，人人看到我画的虎，都说是神品，你怎么说我画得不好？"师傅说："我举个简单的例子，你这幅《猛虎扑敌》，画的是猛虎将要与对手作战，但你知道老虎要攻击对方，先要做什么吗？先要把头尽量低下，贴近地面，这样才能冲得更快。你看看你的画，老虎昂着头，哪里有要战斗的架势？"

画师听了，低下头说："看来，不只虎要低头，做人也应该时时低头，请师傅今后继续教诲我。"师傅笑着说："你能悟到这一点，可知今后前程不可限量。"

有经验的画师知道，老虎在搏斗之前首先要做的是放低身子。为人处世若也采取低姿态，不失为一种智慧。由低到高的过程，放得越低，力气就越足，冲劲就越大，最后到达的高度就越可观。而且，低姿态可以保证自己不会受伤，也能保证你获得更多的伸展空间。

人生是一个由低到高的过程，做事就像登山，需要从较低的地方一步步走到高的地方。当你到达一个较高的地方，想要攀登另一座山峰，仍然要先下山，再走高，"低"是必不可少的步骤。其实，低一点没什么不好，"低"，是对自己的保护，是为了短暂的休息，保存耐力，以期达到自己的目标。换言之，"低"是对实力的隐藏。

拿破仑·希尔说："如果一个人想要在办公场合获得好的人际关系，做出更多的成绩，就要把一切优点和值得炫耀的地方妥善地隐藏起来。"柔和的处世方法和低姿态做人并不会让你低人一等，真正的刚强在于内心不可动摇的原则性，而不是一时的气性。

不妨走上街道看一看直观的例子。在街道上，那些面貌温和甚至柔弱的人，更容易给人亲近之感，旁人对他们往往照顾礼让；而那些彪悍的人却让人没有谦让的心理，如果他们脾气暴躁，就会很容易与人冲突。真正的"强"不必显露在表面，外柔内刚，以低姿态取制高点，才是常胜之道。

急功近利的人，往往得不偿失

一颗太急切的心被欲望占满，会失去机遇与收获的空间。

古时候，有个青年拜后羿为师学习射箭。青年很刻苦，想要成为超越后羿的神射手。但年轻人难免急躁，他总是问后羿："师傅，我射得如何？有没有进步？"后羿是位温和的长者，每次都鼓励他："有进步，但是还要更加努力。"

青年人心急，有一天抓着后羿说："师傅，你告诉我，要成为你这样的神射手，需要多少年？"后羿说："十年！"

青年说："十年太久了，如果我每天加倍苦练，需要多久？""八年。"

青年更急了："师傅，如果我把吃饭睡觉的时间也拿来练箭，是不是五年就行了？"

"不，"后羿说，"那样的话你成不了神射手，因为没几天你就累死了。"

故事里的青年想成为与后羿一样名满天下的神射手，因为迫切地想要实现愿望，他开始急躁。但一步登天只存在于幻想之中，不切实际的渴望只能阻挡人们前进的步伐。轻微的不切实际也许没什么害处，还能成为一种激励；严重的不切实际就成了空想，甚至会危害自身，换来得不偿失的结局。

自古以来，成功是每个人的梦想，有些人只做梦不行动，希望天上掉馅饼，他们一辈子只能碌碌无为。还有人愿意为梦想付出时间、精力、汗水，只要能够达到目标，他们可以一直付出。也许就是因为付出太多，用心太深，才会迫切想要知道：如何以最快的方法达到目标，因此，人们产生了急功近利的念头。

有这样一个笑话，一个男人吃了五张饼不觉得饱，吃完第六张肚子饱了，于是就埋怨自己为什么要吃前五张饼。急功近利的人与这个男人相似，他们太过注意第六张饼的实效，从而忽视了前五张的重要，实际情况是：没有第六张，男人最多有点遗憾；只有第六张，男人的饥饿感只会越来越强。在现实生活中，第六张饼代表的往往是虚名，解决不了多少实际困难。

从前，一位君王向人学习驾车技巧，经过一段时间的训练，君王要求与自己的老师比赛，结果惨败。君王说："寡人敬重你的技能，拜你为师，你怎么能不好好教授？"老师说："微臣已经将全部技术传给大王，大王之所以落败，并不是技不如人，而是心态不好。"

"你说说，寡人的心态怎么了？"君王问。

"我与人比赛的时候，一心观察马的状态，马累的时候，我会让它稍慢一点，然后再催促它飞奔，我一直注意的是比赛本身；大王您驾车的时候，一心只想超过我，在我后面时，您不顾马的状况，一味追赶；超过我后，不时回头看我有没有赶上来。您只注意能不能得胜，根本没有心思考虑如何与马配合，这才是您落败的原因！"

古代的驾车比赛，既要掌控车子的方向，又要配合马的动作做出调整，需要全神贯注才能得到好成绩。而一心想着成败得失的人，无法顾全大局，常常顾此失彼，自然落了下风。故事中的君王脑子里只有胜利，也就看不到脚下的路，他忘记胜利只是结果的一种，如果不能好好完成过程，迎接他的是另一种结果：败北。

急功近利之人之所以没有一颗宁静的心，是因为他们太过重视结果，忘记了胜利需要一点一点积累。捷径也许存在，但不会时时存在，事事存在，偏偏有人做任何事都图方便，这种思想放在现实生活中，就是投机取巧。现实生活中,不乏靠投机得到成就的人,他们用比别人更少的努力和时间,也能得到地位和成就。

不过,投机取巧的人始终比那些埋头苦干的人少了一些东西,那些人的脚步是实的,他们却是虚飘飘的,有一天遇到狂风,就再也站不稳,露出原形。而那些扎实的人,从来不惧怕风雨。每个人都有想要实现的愿望,有禅心的人不会采用不正当的方式,更不会在条件不成熟时贪功冒进,因为他们知道,生活的真味要慢慢品,过程比结果更值得投入。

把事情做透是一种学问

智慧在于人对事物了解的深度,略知皮毛的人只能了解皮毛。

一位禅师正在诵经,他的徒弟在旁侍奉。冬日天寒,禅师下令:"徒儿,你拨一拨炉子,看看还有没有火。"徒弟于是在炉中拨了一拨,说:"师父没有火。"

禅师站起身,亲自拿起火钳,伸入炉中深深一拨,结果拨出点点火星。他问徒弟:"徒儿,你说没有火,那这个是什么?"

徒弟说:"是徒儿未曾深拨。"禅师说:"万事有始必有终,只知始,未知终,非悟者。"

"只知始,未知终,非悟者",禅师说的这句禅语与我国《诗经》上的一句诗异曲同工:"靡不有初,鲜克有终。"意思是能够开始的人很多,坚持到最后的却很少见。故事中的禅师认为做事要深入,不要停在表面,这同样是一种坚持。不论什么事,做得深入一点,就能了解得透彻一点,得出的结论也会更加准确,这就是将事情做透。

一个人的能力、阅历是有限的,谁也不能保证自己能将一件事做好,但是,有心的人却会把一件事做透。把事情做好固然能达到我们的目标,把事情做透却也是另一种收获：收获的是做事的学问、动脑筋的方法。只有把事情做透，才能真正了解一件事情，从这个过程中得到智慧与启迪。深耕细作的粮食与播种机大面积种下的粮食虽然都能获得丰收，但前者无疑比后者更有营养和口感，这就是"透"与"不透"的区别。

把事情做透是提高能力的最有效方法。想要全面了解一件事，就要从各方面尝试，就能以更多的角度看到事物的全貌。多数人在实践中能够触类旁通，通过一件事思考到更多的事。因为要解决一件事，可能要学习很多东西，在无形中提高了自己的能力。当一个人把一件事做透，他会发现自己会做很多件事，对自己的能力有了充分的信心。

一位漫画家在杂志上连载一部少年漫画。刚开始的时候，读者很喜欢这部作品，认为设计新奇，男女主角有个性。这部作品可谓一炮打响，引来了众多的追捧。连载两年后，漫画家感到后继无力，读者们也对这部作品渐渐没了耐心。那本杂志对这样的作品一向的做法是"腰斩"，即在一个月之内草草结束作品，给其他作品让出地方。

接二连三的打击，使漫画家本人也对这部作品有些厌烦，但他做事认真，他决定给这部作品一个相对完美的结局。于是，他依然精心构思，认真作画，并把不满意的部分反复修改。

没想到最后一个月，形势突然出现转折，漫画家的诚意让这部漫画更加精彩，众多读者都表示这部作品还有很多潜力，希望杂志继续刊登。在读者的要求下，杂志社决定继续这个连载。作家没想到，一次坚持，竟然会有如此收获。此后他越画越好，这部漫画成了大热作品，经久不衰。

漫画家的作品即将面临"腰斩"，他对自我的要求就是尽可能将事情做透，即使结果可能不让人满意，也要竭尽全力，让自己不留遗憾。当人下定决心后，就能心无旁骛，这个时候往往能够注意到平时没有注意到的东西，激发出从未有过的灵感，从而开创一个新的局面。可见，把事情做透才能把事情真的做好。

如何才能把一件事做透？关键要沉住气，专心，持久，不服输。沉住气，就是我们说的心静,在任何时候不要忙乱慌张;专心,就是说不要吃着盆里惦着锅里,要全神贯注地做一件事;持久,是指要有计划、有策略,不能急于求成;不服输,是说在暂时的挫折面前懂得迂回,以退为进,冷静地寻找解决办法,相信苦心人天不负,转机总会出现。这些因素加起来,再加上一颗愿意思考的头脑,就是将一件事做透。

心灵的修为同样追求"透",禅的要义就是看透世事,参透人生。想要达到"透",就要静思,审慎地思考一件事情的方方面面,它产生的原因、过程中的每一个转折,以及相应的结果。只要仔细观察过几件事,就会发现事事相通,什么事的起伏都有相似的地方,这个时候,智慧就会产生。因为通透,即使不能知晓一切,也能知道事情的大概,遇事就不会失去方寸。静者因透生静,因静而透,就是修禅的真意。

第 2 课

凡事皆有极复杂之时，拆得开的便是智者

　　心灵没有智慧，如行路没有双目，纵然路走得再多，事做得再好，也会偏离目标，达不到想要的效果。想要选对做事的方法，先要有做对事的眼光，这便需要智慧。

　　禅是一种智慧，有禅心的人就是智者。世事难免复杂，看得透起因，理得清条理，拆得出重点，然后权衡得失，周详布局，谨慎从事，就是解决事情的最佳办法。

千头万绪总归源,智者机变

面不改色地接受困难并不一定是真正的智者;真正的智者要能想出解决困难的方法。

这一天,禅寺的弟子们被召到堂前,方丈对他们说:"我身患重病,就要离世,我要从你们中间选出一位来掌管这个寺院。"他顿了一顿说:"你们现在就去对面的山上砍柴,谁砍的柴最好,我就选谁做这个寺院下一任的方丈。"

弟子们听完后,立刻去后院拿起柴刀,准备上山砍柴。谁知近日下了暴雨,山前河水暴涨,木桥被冲断,附近找不到渡船,弟子们想了不少办法,还是没办法过河,只好无功而返。方丈躺在床上一言不发,这时,最后一个弟子回来了,对方丈说:"师父,最近下了暴雨,我没法渡河上山,不能砍柴。不过,我看到岸边果树经过一场秋雨,倒结了不少果子,我摘了几个顶好的给您尝尝,您一定要宽心养病。"

方丈微笑说:"万事万物讲究随缘而化,难得你如此机变,今天起,你就是这里的方丈。"

灵机一动是一个很有禅味的成语,在为难的时候突然想到了办法,就像在烦恼的时候福至心灵,突然开悟,那种畅快和喜悦无以言表。故事里的小和尚看到断了的桥,起初一定也和其他弟子一样眉头紧锁,但他知道万事佛法讲究随缘,柴砍不了,就做点别的事让病重的师父开心。小和尚有慧根,年纪轻轻已经可以称得上是一个智者。

什么是智慧?智慧不是一本书、一句话,而是在需要的时候,它能为人解决实际问题。智慧来自书本,来自师长的教育,来自为人处世的经验,最重要的是来自于我们的思考。万事万物都蕴涵着智慧,能够认真观察的人,自然会对这智慧心有所感,加以提炼。智慧的关键在于灵活机变,因为要面对的事情总有各种面貌,必须有一颗机变的心随时加以应对。

机变的人不去钻牛角尖,他们不会把一个问题想死,也不会轻易对一件事、一个人下结论。他们崇尚变通,就像宽广的河流,可以笔直地流动,也可以绕过高山,九曲十八弯,最后到达大海。也难怪人们说智者乐水,智慧像水,即使兜兜转转,最后都会流入大海。

王羲之是晋代著名书法家,他的墨宝都是无价的宝贝,在当时,就有人为得到他写的一个字而绞尽脑汁。不少达官贵人都不能让王羲之动笔,可是,有个人却让王羲之抄了整整一部《道德经》,也算是当时的奇闻。

这个人是个道士,他知道王羲之之名满天下,不肯赐字于人,攀交情,他没有;用钱财,王羲之不稀罕。于是道士想出了一个偏招,他知道王羲之平日最爱白鹅,就养了一群好鹅,待白鹅长大,故意让王羲之看见。王羲之看到那群白鹅个个精神漂亮,比自己家里的鹅好上不知多少倍,就生了羡慕之心,提出要买这群鹅。道士说:“这鹅不卖,不过如果你愿意为我抄写一部《道德经》,我就将这群白鹅送与你。”

一部《道德经》并不费多少时间,王羲之立刻答应。就这样,王羲之兴高采烈地赶着白鹅回家,不知道自己上了道士的当。

“书成换白鹅”是历史上有名的故事,几只白鹅和王羲之的墨宝,价值不可同日而语,可道士靠着他的机变,哄得王羲之乐呵呵地答应了这笔不平等交易,这就是智慧的高境界:当一条路走不通的时候,有人放弃走这条路,有人却采取迂回的方法,绕到另一条路上,或者干脆自己铺上一条路,向别人借一条道,最后到达目的地。

当人们想要达成一个目标的时候,最需要的是不懈地努力,但有的时候,努力并不能解决问题,这个时候就需要机智。没有条件的时候,机智的人能够创造条件;没有突破口的时候,机智的人能够用迂回的方法寻找突破口。机智的人相信任何事物都有弱点,没有攻不破的堡垒,知己知彼,总会想到好办法。

随着年龄的增长，我们会发现世界并不像从前看到的那样简单，人心也不像想象中那么单纯，不必为这种情况感叹，因为你本身也在变得复杂。但我们会因为自己变得复杂而不会做事吗？不会，因为我们心中有自己的目标、自己的底线、自己的分寸。同理，别人做事也都有自己的目标、底线、分寸。

对事情、对他人、对自己要有一种"拆得开"的心态，知道他人的目标，就能分辨敌友，甚至化敌为友、求得共存；了解他人的底线，就不会得寸进尺，能掌握与这个人交往、共事的"度"；明白他人的分寸，就能够不去冒犯他人，尽量尊重他人。不必感叹事情千头万绪，如一团乱麻，只要你多多思考，就能把事情拆得简单，拆得开，就能玩得转。

心不清净，世间便无净土

色即是空，空即是色。眼中有色，心中无色，方是自在境界。

一个小和尚想要成为一代高僧，他在佛前终日打坐。小和尚的师父看到这个情形，问小和尚："你为何从早到晚都要打坐？"小和尚说："因为我想成为和师父您一样的高僧。"

师父笑道："你如果为了成为高僧而打坐，就违背了打坐的本意。"

小和尚大惊，说："师父经常教育我们说，打坐可以修炼一个人的清净之心，让人能不因外物而迷失，怎么说我违背了打坐的本意？"师父回答："是的，打坐是为了修炼清净之心，你现在带着欲望打坐，如何清净？如果心灵不能达到一种宁静状态，打坐不过是辛苦自己的肉体，让内心更加混乱，最后因欲望迷失自我，何来修炼？"

什么是高僧？内心清净、知晓世情，这样的僧人即使生活在闹市之中，也不会损害他的修为。相反，因为看透的事情更多，反倒让他更加超脱。小和尚打坐是为了让自己内心能够清净，但带着"成为一代高僧"这种欲念打坐，和那些怀着欲念的世俗之人并无分别。打坐的目的是清净，有欲望只会让内心混乱。

佛家常说清净，清净是指心地纯洁，不为外物所扰，以及要求自己远离侵害与烦扰。佛门弟子四大皆空，平日生活简单，烦恼的事不多。而世俗之人每日被琐事纠缠，想要心地清净却不简单。也正是因为世俗之人很难远离烦恼，才更有保持清净的必要，不然如何保持内心的平静，以应对复杂的世事？

有个脾气不好的年轻人，经常被长辈训斥，有一天爷爷对他说："迟静禅师是我多年的朋友，也许他能让你改一改这种躁脾气。你现在就带着我的书信去庙里找他！"

年轻人日夜兼程，终于到了迟静禅师的寺院，将爷爷的信送上。迟静禅师看了之后，并没有劝导年轻人，而是让他进入一个屋子，"咔嚓"一声把屋子上了锁。屋子里没灯，没窗户，只有一张床，一扇紧闭的门，年轻人大叫："这里是什么地方？！你要做什么？！"

迟静禅师没有理会年轻人的怒骂，只让寺里的小和尚一日三次给年轻人从门下的小孔里送饭。年轻人骂不绝口，没有人理会他。

过了几天，迟静禅师问年轻人："你在生气吗？"年轻人说："我当然生气！我真是个傻瓜，竟然跑到你这里来找罪受！"迟静禅师说："你连自己都不能谅解，更不能指望你体谅别人，算了，你继续待在屋子里吧。"

又过了几天，年轻人终于不骂了，迟静禅师说："怎么不骂了？"年轻人说："骂有什么用，就算骂得再用力，我还是只能被关在这个黑屋子里。而你们这些人整年都在寺庙里，却能心平气和，我想是因为你们心中本来就没有怒火，才能成为禅师吧？"

迟静禅师吩咐小和尚打开了门，对他说："恭喜施主，你已经悟了。心平气和，便无怒火产生。"

人们的心为何常常不清净？因为经常有欲求，求之不得便经常恼怒。人生七苦常常困扰我们，就像故事中的小青年，心里烦躁，自然脾气不好；脾气不好，不论遇到什么事都不能保持一份平常心，动辄叫嚷。直到被禅师关了几日，才明白气恼与叫嚷除了让自己更加不愤，没有任何用处，年轻人体悟到的道理，就是心灵对事物的"拆开"。

世间有没有净土？显然没有，桃花源只存在于陶渊明笔下，迄今还没有被发现。但我们也大多有过这样的感觉：在某些人身边，会发现他对一切都有善意，不论遇到什么都能看通，很少与人争执。这时候，我们不禁认为这个人的心就是一方净土，因为他没有功利性。

净土存在于每个人心中，对待自己的心，不要怀有什么目的，功利性的东西与清净这一主旨违背。现代社会充满功利性，我们无法成为避世的隐者，也无须刻意追求一份清高。只要能在生活中常常调整自己，懂得陶冶性情，克制怨气，以善意的目光看待每一件事、每一个人，自然就能不被外物所扰。此时的心态，便是清净；此时的灵台，便是净土。

看问题要全面，想办法要周详

不够密的渔网不能出海打鱼。

一只小猪正在河里洗澡，它问自己的妈妈："我常听人说到'聪明'这个词，怎样才算'聪明'？"妈妈说："聪明很简单，我给你出一个问题，你猜一猜：两只小猪在烂泥塘里打滚玩耍，回到家后，是爱干净的小猪先去洗澡，还是不爱干净的小猪先去洗澡？"

"这个太简单了，当然是爱干净的小猪先去洗！"小猪说。

妈妈只是笑了一下说："可是爱干净的小猪也不是天天要洗澡。"小猪以为自己答错了，连忙说："是不爱干净的小猪先去洗，因为它身上太脏了!"妈妈仍然摇摇头说:"不爱干净的小猪也许习惯脏着身子,不去洗。"

"那就是两只小猪都去洗澡!"小猪说,看了看妈妈的脸色,知道自己又错了,连忙说:"是两只小猪都没去洗。"妈妈说:"都不对,但都有可能,如果你能一次说出四个答案,就说明你考虑问题最周全,这就是聪明。"

一个看似简单的问题,却藏着思维陷阱,小猪的四个答案都是错的,但加在一起却是正确的。很多问题并没有标准答案,很多事都需要多重判断,想到每一种可能,才是周全的回答。这种周全的思维方式,同样是一种"拆得开"。

我们都听过《盲人摸象》的故事,几个盲人去摸一头大象,他们的手触摸到什么,就以为那是大象的样子,于是得出了很多荒谬的结论。现实生活中,我们也根据现象的一角,做出错误的推论,却不知现实比我们的想象大得多,复杂得多。如果我们不能多看看,多想想,就不能触摸事物的全貌,更不能找到最准确的应对办法。

同理,在我们的心里,也经常存在这种"一叶障目"的死角。我们常常固执己见,被某个观念蒙蔽,听不进别人的劝告,看不到更多的状况,这就造成了我们为人处世的偏颇。更严重的时候,我们变成了一个心灵上的盲人,以致常常做错事,常常后悔。

乌龟对他的好朋友老鹰说起自己的愿望:"一直以来,我都羡慕你,希望能像你一样在天空中自由飞翔,看一看广袤的大地,可我知道直到死,我也无法实现这个愿望。"

老鹰仗义地说:"你为什么不早点告诉我?这个愿望我一定帮你实现!明天我带来一根棍子,我抓着一头,你咬着另一头,我就能带你飞上去!"

乌龟欣喜若狂。第二天,老鹰用爪子抓紧一根棍子,乌龟咬住棍子的另一头,只见老鹰展开翅膀,乌龟听到耳边呼呼的风声,转眼间,它到了半空中!乌龟高兴极了,老鹰也很得意,它实现了朋友的愿望,以后,它可以经常带朋友来天上玩。

没想到不到一个钟头,不幸的事发生了,乌龟一头栽了下去。幸好是摔在了湖里，没有死掉。老鹰说："你怎么不牢牢咬紧棍子！多危险啊！"乌龟委屈地说："我一直咬着棍子，但咬的时间太长，我太累了。"

"那你可以告诉我，我就带你飞下来啊！"

"可是我刚松开嘴，就掉了下来！我们下次还是想一个更加周详的办法吧！"

老鹰想帮助朋友实现在天空飞行的愿望，结果却是好心办错事，差点要了乌龟的命。由此可见，助人为乐也要讲究方法，结果不好，费再大的力也不讨好。也许我们早就发现这样一个事实：和自己有关的事，过程比结果重要；和他人有关的事，结果比过程重要。

世界上多数事情也是如此，过程虽然重要，但结果却是人们最看重的。想要达到一个好的结果，就要讲究方法，这个方法就是思考周全，妥善筹划。成功不是一句口号，也不是下定决心排除万难就能办到，或者说，方法不对，需要排除万难，方法对了，也许只有"百难"，那么我们为何不在一开始的时候多想想，省下那些"难"？

想办法也不是容易的事，一来要有丰富的经验，二来我们的思维常有误区，生活中也常出现我们注意不到的死角。这种能力需要在实践中不断提高，不必那么急迫。不论何时，尽量让自己的思考周全一些、缜密一些，你会发现一旦看得全面，事情就不再复杂，苦难也能够迎刃而解。好的结果，自然也就是你的囊中之物。

想到后果，才能够谨慎行事

一时的快乐，也许会造成长久的痛苦，所以要小心行事。

两只青蛙去旅行，它们游山玩水，最后走到了一个寸草不生的村落。更糟糕的是，它们玩得太开心，走得太远，早就忘了回家的路。此时烈日当空,它们干渴难耐,只希望找个地方喝口水,再找个阴凉的地方睡上一觉。

一只青蛙突然欣喜地大叫:"前面有一口井!一口井!"说着跳上前去。只见一口水井里,有一汪看上去清凉透亮的井水。青蛙说:"这可真是绝处逢生,我们只要跳下去就能解渴。"它的同伴却说:"你别着急往下跳,你先想想,跳下去以后,你还能不能跳上来?"

青蛙仔细观察井的深度,果然超过了自己的跳跃能力,如果方才它直接跳下去,很可能一辈子都跳不出这个枯井。

多年前一个电影里有这样一句经典口头禅:"黎叔很生气,后果很严重。"在生活中,我们也常常用这句"后果很严重"揶揄自己,调侃他人。不过,"后果很严重"并不是一句笑话,就像故事中的青蛙,如果他没思考就跳进一口枯井,恐怕要流着泪说:"后果很严重。"

做什么事都需要想后果,因为事情是你做的,你需要承担这个后果。如果只是小错误,后果不严重,大概只是心中不舒服一下,郁闷一阵子;如果造成严重后果,长时间地影响自己的心情,造成心理阴影,显然这错误的代价就大了。还有可能影响到自己的事业、前程、人际关系,这个时候,恐怕就要满大街找"后悔药"了。

更多的情况下,后果并非由你一个人承担。如果你承担不了这个后果,就意味着你不仅给自己带来了损失,还会给他人带去麻烦。这样的后果也会极大地影响你在他人心目中的形象,让他人对你的信任度降低。更严重的例子也有,有人没有熄灭一根烟头,造成整栋大楼的火灾——没有人想故意纵火,这样的结果只是因为一时行事疏忽,多么得不偿失。

一个孩子做事总是粗心大意,他的父亲教育他说:"不要这么粗心,你没听说过'千里之堤溃于蚁穴'?一点小小的疏忽,就会导致大的漏洞。"

"可是,蚂蚁自己要爬过来的话,大堤有什么办法?"孩子反驳。

"古代人在修建大堤的时候,就会预防白蚁,而且人们经常检查大堤,发现白蚁,就要及时消灭,这样才不会有安全隐患。你呢,平时写作业不是丢个小数点,就是少了一个零,这怎么得了?想想你上次的名次,和第一名差了三分,如果你没有忘记那个小数点,你就是班上的第一名!"

"我不在乎是不是第一名。"孩子嘴硬。父亲说:"小数点在卷子上,你可以不在乎。等你长大了,当了设计师,你点错一个小数点,一座楼就塌了,你也能不在乎吗?"孩子终于低下了头。

不论是长堤上的白蚁,还是设计图上的小数点,看起来都微不足道,却可以导致重大事故。天灾和人祸常常因为微小的疏忽,一些事情在最初的时候可能很简单,一旦它变得过于复杂,就不是我们的意愿能够控制的。所以,在日常生活中,要养成认真的习惯。

认真是一种可贵的品质,也有很多实际的好处,好处之一就是它让我们既有专心致志的品格,又有未雨绸缪的危机意识。我们生活的世界并非那么安全,即使过马路看着路灯踩着斑马线,还可能有意外车祸。在生活中更要多多留神,将危险扼杀在萌芽状态,给自己给他人以安全,这就是人们常说的"防微杜渐"。

危机意识并不是神经质,时刻小心翼翼以为天要塌了,地要震了,每天搞得自己紧张兮兮。防微杜渐也不意味着草木皆兵,每走一步都要左瞧右看看,生怕有什么危险,有什么漏洞。过分小心的人常常因为太过注意脚下,而忽略了大目标。

认真应该是一种习惯,一种心理防御机制,落实在行动上,只需要做事多想一点,多看一眼,多动几下。在心灵上,需要多多思考,多多筹划,多多想想可能的后果,然后做到谨慎即可。谨慎的人往往不会把事情搞复杂,因为在复杂之前,他早已将其拆成简单的一个一个部分,处理得妥妥当当。

做事细致,才不会留下破绽

不怕千日密,只怕一时疏。

一个和尚想要拜净空禅师为师,净空禅师说:"我这里戒律森严,对徒弟也有严格的要求,已经拒绝过很多人。如果你诚心诚意想要拜我为师,我愿意考虑你。不过,在我这座寺院,每个新进门的弟子都要负责打扫院子和大殿,你先去做这一项工作。"

和尚只想聆听净空的智慧,没想到还有这些无关紧要的杂事,他飞快地扫完地,去跟净空交差。净空问:"你扫干净了吗?"和尚说:"扫干净了。"

"真的扫干净了?"净空又问了一遍。和尚说:"的确干净了。"

"你不适合当我的徒弟,现在你可以回去了。"净空说。和尚大惑不解,也不大服气。净空说:"我在大殿和院子的角落里放了几枚钱币,倘若你认真打扫,看到它们,自然会拾起来交还给我。你没看到,说明你是个只会做表面文章的人,连这么简单的任务都不用心,你能用心参佛吗?"

禅师细心布置了一个测试,他在大殿的角落里放几个铜钱,如果和尚没发现,是他不仔细,佛家最讲心性,做事不仔细,参佛又怎能仔细;发现了不交给禅师,是他贪财,佛门岂容贪财之辈?和尚想要拜师修禅,却被一个扫地测试扫出了禅师的大门。禅师明白,不论是参禅还是修行,不是打坐和看佛经就能大功告成。

拳手要想胜利,就要擅长寻找对方的破绽,而想要保持不败,就要步步为营,不露自己的破绽。现代社会竞争激烈,我们有时就像拳击台上的拳手,想要胜利,就要事事仔细,不留下任何破绽给别人。对手有破绽,胜利就不复杂;自己留下破绽,就是给别人可乘之机。

一个人的品德也是如此,没有人天生就是圣人,品德需要不断培养,不断对缺点加以克服。如果不能常常发现自己的毛病，给自己打个"补丁"，破绽会越来越大，最后变成人格缺陷。而那种不断完善自我的人，即使不是圣人，也值得人们尊敬。

一个芭蕾舞团平日在市里的文艺中心练习，那里的清洁工工资很高，很多清洁工都希望进去工作，但那里的清洁工却说："不要以为这是一个多么轻松的工作，我们的工作强度至少是你们的三倍。"

"可是，一群练舞的小姑娘又不会留下多少垃圾。"有人表示不信。

"垃圾不多，但是，你要随时留意练舞场，不能有一丝灰尘，也不能有一丁点异物。"

"不需要这么严重吧？"

"怎么不需要。你要知道，芭蕾舞鞋很软，地板上的一点异物，都会对舞者的双脚造成伤害，怎么能不小心呢？所以我们每天都要反反复复擦拭很多遍，让那些小姑娘放心练舞。也是因为这个原因，我们的工资才比外面高一些。"

有时候，一个人的性格、行事方式就能代表他的品格，从一件很小的事，就很容易推断出这个人的格调如何。就像故事中的清洁工，他能够明白芭蕾舞者的不易，也明白自己工作的价值，慎重地对待自己的工作。芭蕾舞者奉献了艺术，他就是艺术的护航人，这种在背后默默付出的人值得我们尊重，而他那种细致的做事方式，更值得我们效仿。

如何做到细致？根源还在于我们的观察力，在于我们是否能将一件事"拆开"，照顾到每一个环节，每一个步骤。鲁智深拳打镇关西，不忘先为金翠莲父女留后路，这叫细致；和人乘车先下车为人开门，这也是一种细致。细致可大可小，就看你能不能考虑到。大事上细致的人，即使是粗人，也是粗中有细的智将；小事上细致，虽然可能让人觉得烦琐，但至少他的生活小情小调不断，大家都喜欢与他相处。总之，细致没什么坏处。

常言道："做人如山，行事如水"，水代表的是灵活也是细致，覆盖每一个细节，不留任何空隙，这就是细致。细致的人不易留下破绽，我们警惕破绽,并非时时提防他人,而是因为深知破绽有可能变为祸端,受害者不是他人就是自己。做事细致,就能让我们的一生像精心织造的锦缎,柔美大方,让人欣羡。

所谓复杂,有时是人云亦云的假象

复杂由简单堆积而成,往往比看上去要简单得多。

有位禅师每天都要去山间的一个石洞里打坐。附近几个顽童发现了这件事,想要吓一吓这个老和尚,就埋伏在老和尚回来的路上。他们用树枝掩盖自己的身体,等待禅师走来。

禅师走了过来,几个孩子探下身,用手抚摸禅师的头和脖颈,然后迅速藏回树上。他们原以为禅师会吓得魂飞魄散,没想到禅师一动不动地站了一会儿,一声不响地走了。

第二天,孩子们装作没事人的样子去山洞里找禅师。一个孩子说:"大师,你知道吗,这附近有奇怪的妖怪,每当有人经过树林,它们就会用爪子抓那人的头颈!"

禅师和蔼地说:"那并不是妖怪,是一些爱玩的孩子。"

"你怎么知道不是妖怪?"

"因为妖怪的手没有那么温暖,也没有那么柔软。"

孩子们装妖怪吓唬老禅师,老禅师知道妖怪没有体温,那放在自己脖颈上的手肯定不属于妖怪。孩子们本来想弄出一个复杂的陷阱让老禅师害怕,老禅师是个聪明人,稍微动动脑筋就拆穿了这个谎言。一旦抓住事情的关键点,就能很轻易地明白事情的真相。

我们都看过侦探片或者侦探小说,那些大侦探总是能根据蛛丝马迹做出详细的推理,然后在众人的惊讶之下揪出那个根本不像凶手的凶手。

侦探就是拆解事件的高手,他们头脑清晰,观察仔细,思考周密,所以才能看到别人漏掉的,想到别人想不到的。在此基础上,他们还能产生一些跳跃联想,从而解决一个又一个的案件。

我们羡慕侦探的头脑,事实上,现实中的聪明人,智商不会比书中的侦探差。因为我们要面对的复杂事态,虽然性质与案件不同,但麻烦程度却不差多少。我们也必须像侦探一样将事情拆解,观察,思考,得出结论,解决问题。这样的经验多了,我们就会发现很多事情其实没有想象的那么复杂,解决事情有时就需要抓住某个关键点,能够突破这个关键点,整个事件便会迎刃而解。

一只兔子正在森林里睡觉,一颗熟透的木瓜砸了下来,落在湖水里发出"咕咚"一声巨响。兔子胆小,以为天要塌了,慌忙逃跑。

途中,兔子遇到乌龟,乌龟问:"你为什么慌里慌张的?发生了什么事?"

"不得了了!咕咚一声!天马上要塌下来了!赶快逃命!"兔子说,乌龟听了连忙跟着兔子逃命。一路上,鹿、猴子、羊、牛、马等动物都听说了这个大消息,逃命的队伍越来越庞大。最后,百兽之王狮子说:"你们停下来!到底发生了什么事!是谁说天要塌了?"

兔子站出来,绘声绘色地描述了"咕咚"的可怕。狮子带着大家回到湖边,这时,又一颗木瓜掉了下来。

"咕咚!"

动物们面面相觑,随即哈哈大笑。

"咕咚"一声,兔子带着整个森林的动物一起逃命,当动物们知道令它们心惊胆战的不过是一颗掉进湖里的木瓜,它们笑兔子,也笑自己。笑兔子没经过调查就大惊小怪,笑自己没问清楚就随波逐流。但是,兔子长得小,巨大的声音可能真的让它认为世界末日就要来了,真正要怪的还应该是那个没能问清事情的自己。要记住别人害怕的,并不一定是自己害怕的。

每个人都有自己的弱点,对不会爬树的动物而言,一棵树不论笔直还是弯曲,都是复杂的,难以克服的。人与动物不同,人有主观能动性,只要找出那个让捆绑自己手脚与心志的弱点,就能想办法克服。最重要的是保持心灵的警觉,不要被其他人的言语和行动所迷惑,轻易地对事物下了定论,认为困难不可克服,自己一定束手无策。倘若如此,不是事情复杂,是别人把事情说得太复杂,你把事情想得太复杂。

做手术的人大多有这样的经验:手术前每天都在紧张,听别人说手术如何疼,如何危险,如何麻烦,听多了就会想手术是一件九死一生的事。但多数上过手术台的人却知道,手术不过是眼一闭,睁开眼时已经在病床上。疼上一阵子,养上一阵子,病好了,身体也好了。很多复杂的认识就像手术,都是经过旁人夸大才产生的,事实上并没有那么严重。没经历的可以自己亲自看看,没有条件亲自看,至少要保持怀疑,不要轻易胆怯,更不能人云亦云。唯有如此,才能做一个看破假象、直击核心的聪明人。

斗志不斗气,不逞一时意气方有大为

胜利属于那些有实力的人,而不属于那些有情绪的人。

在一次音乐歌手颁奖晚会上,得到大奖的歌手意气风发。当记者们请他评价对手们的作品,歌手很谨慎,说了一些客套话。记者们又请他谈谈刚刚崭露名号的新歌手,这一次,歌手显露了狂傲的本性。他说:"那个歌手吗?他的观念老土,音乐里充满了炫技与猎奇,全都是为了吸引人眼球搞的小动作。这种歌手走不远,不会有什么成绩。"

谁知被谈到的新歌手就站在附近,在场的人面露尴尬,而那位新歌手却像没事人一样说:"前辈提点后辈是正常事。"大家都很佩服新歌手的气度,很多人认为他一定能成大器。

后来,这位新歌手果然走出了一条自己的音乐道路,几年之后,他拿了很多音乐大奖;而当年那个评价他的歌手早已被人们遗忘。

被他人当面挖苦指责是一件尴尬的事,如果双方都是气盛之人,很有可能产生严重冲突。在这个故事中,当众让人难堪的歌手显然有错,难得的是那个被他批评的人,他的回答避重就轻,既避开了和那位前辈歌手的冲突,又没有让自己失去颜面。他知道来日方长,要维护自己的自尊,最好的办法不是和对方争执,而是拿出成绩。

斗志不斗气,是一种涵养。斗气解决不了任何实际问题,只会让事态更加严重。我们难免遇到让我们肝火上升的情况,有时是面子挂不住,有时是被别有用心的人嘲讽,有时是听到一些闲言碎语。如果较真和别人一一争吵,那会浪费多少时间和精力?又会毁掉我们的好心情与好形象。计较一时,不如讲究韬略,像故事中的后辈歌手那样,用实际成就告诉对手:风水轮流转,谁也不要得意太久。

用成绩化解尴尬,是一种智慧。有大将之风的人才能以如此方法将尴尬"拆开",转化为动力。靠气性做事,不如靠志气做事,后者比前者更有耐力,更有涵养,也更容易取得较大的成就。一时意气只能使自己得到一时的畅快,但一时而起的志气却能让自己一世受益,两相比较,要志气比要意气更有前途。

古时候,骡子和驴子都是运货的常用牲畜。骡子的体力比驴子好,很受商人们欢迎。可是骡子也有一个毛病,它们的脾气不好。若是赶上它们不高兴,任凭主人怎么哄,它们的四个蹄子就像钉子钉在地上一样,一步也不肯动。

一个小长工就遇到过这样的麻烦。他帮主人送炒熟的麦子,没想到骡子半路尥蹶子,动也不动。小长工急得拿起鞭子,路过的老人制止说:"别打它!骡子脾气拧,打也没用,你在它嘴里塞一把泥!"

"塞了泥它难道就走路了?"小长工问。老人说:"嘴里有泥,骡子的注意力转移,就会忘记刚才生气的原因,想要赶紧把泥吐出来。这个时候,你就可以慢慢地赶它上路。"

骡子脾气拧,它生气的时候谁拉也不肯走。这个时候,只要转移一下它的注意力，就能让它乖乖顺着你的意思。人的脾气当然比动物复杂得多，但犯起拧来，却是不相上下。俗语说一个人上了脾气，"九头牛也拉不回来"。这脾气，在多数情况下都是无理性的，他们让自己沉浸在不快的情绪中，对自己无益，也解决不了什么事。

所以，一个人需要懂得如何克制自己的脾气，这就需要他在肝火上升的时候，迅速找到转移注意力的方法，把自己的注意力放在其他事情上，就不会与怒气纠缠不清，也不会因为一时意气铸下大错。其实尴尬的局面是对一个人修为的考验。这个时候，你要"拆得开"，要明白忍住一时之气，显得自己有涵养，也显得对方没风度。之后能够用成绩证明自己，更是让对方一口气憋在心里，这就是真正的胜利。

古代圣人教导我们："三思而后行"，在与人发生矛盾时，要牢记这句祖训。作为一个修禅者更要有定性。人们都说："火气一上来，哪里忍得住。"那么不妨在要生气的时候让自己忍耐三十秒，忍过最初三十秒，接下来就能告诉自己："最气的时候都忍了，还有什么忍不住？"忍住一时之气，但不可失掉志气，要用实际行动向人证明自己的能力，才是真正的成功、真正的作为。

处世常取舍，一得必有一失

得失随缘，心无增减。

有一得道禅师经过森林，遇到一只机灵的猴子。猴子向禅师作了个揖，恭敬地说："我听说您是得道高僧，有神通法力，特在这里等候。我早就想变成一个人，你能帮我实现这个愿望吗？"禅师说："这个简单，猴本就有人性，只要拔了你身上的毛，你就能当一个人。"

猴子很高兴，当即就让禅师为自己拔毛。禅师用力拔下一根猴毛，猴子蹿到半空,痛得龇牙咧嘴,大叫道:"不拔了!不拔了!疼死我了!"

禅师苦笑道:"有得必有失,想要得到就要先受苦。猴子要变成人,这是多么困难的一件事,你竟然想要一毛不拔就达到这个效果?"

"一毛不拔"是个有趣的成语,生动地说明了何谓吝啬。其实它更适合人们用来自我检讨,人们对待自己很宽容、很慷慨,对待他人却很吝啬,甚至一毛不拔。付出的时候,都要再三掂量,这就造成了我们手中或者心中塞满了东西。试想一个背包塞满了东西,容量终究有限,只有舍弃掉无用的,才能将有用的放进去。

古语说:"将欲取之,必先予之。"在商场里,我们都知道以钱易物,其实生活也是同样的道理。单方面无条件地付出很少有,很多东西都需要换,以青春换取成就,以劳作换取成果。这种交换并没有多少功利性,只是一个取舍的过程,舍弃一些东西,才能得到另外一些更重要的东西,这就是生活的道理。

人们常常在取舍之间游移,想要得到,又舍不得放弃手里握着的,这恐怕是每个人都有的烦恼。但生活不能三心二意,否则恐怕连一个都得不到。选择复杂吗?拆开来看,选择一点也不复杂。在选择面前,只要问问自己:什么最重要?这个"最重要",不论是心灵上的,还是物质上的,只要是你最需要的,或者最喜欢的,都值得你放弃一些东西去得到;如果放不下,就要和最重要的东西失之交臂。

徐磊在大学时就是学校的风云人物,老师学生都对他赞不绝口。徐磊不但成绩优秀,更难得的是"少年老成,会做人"。大学刚毕业,他就被一知名企业录用。

徐磊进入公司后勤勤恳恳,经常主动加班,很得领导器重,不到一年,他就得到了独自做企划的机会。为了这个企划案,徐磊更是勤奋调研,做到每一个细节都完善周详。几个月后,这个方案在众多方案中脱颖而出,得到总公司的批准,将在国际市场上试用。

徐磊的上司首先来祝贺徐磊,并代表总公司发给徐磊奖金,徐磊却谦虚地给上级写了一封邮件,说这个机会是上司给的,在研发过程中经常受到上司的指点,这笔奖金首先应该给自己的上司。而且在工作过程中,自己得到了同事的帮助,剩下的奖金也应该与同事们均分。

这件事之后,不但上司对徐磊的印象越来越好,一有重要的工作就想到他;就连一向不服气的同事们也都对徐磊竖起了大拇指,徐磊在公司的威望越来越高。

想做事先做人,说的就是徐磊这样的人。徐磊会做人,表现在他懂得拿捏取舍之间的关系。他看似吃亏,损失了一些奖金,实际上他没有什么损失,反而一本万利得到更多机会,包括上司的赏识,同事的信任,总公司的器重。这样的"舍"换来的"得",足以看出这个人的聪慧。如果能够明辨得失,把握取舍的"度",我们的人生将会更加顺畅。

取舍是一种处世艺术,能够让人通过"舍",来达到更多的"取"。美国总统华盛顿在年幼的时候,父亲曾教导他说:"你如果想让别人为你做什么,你首先要帮助别人做到他想做的事。"这是父亲在教孩子做人的基本道理:不要只想索取,要学会付出。世界上没有那么多只求付出不问索取的圣人,先索取后付出,稍显功利;先付出后索取,才是真诚。

在修禅者眼中,人生就是一个取舍的过程,因为舍不得,世事才变得复杂,舍不得的东西越多,人心就越浮躁。所有复杂不过是一取一舍,想得明白自己坚持着什么,最想得到什么,自然不会在取舍之间徘徊不定。即使选择得不那么痛快,也要这样安慰自己:想要活得坦荡、轻松,就在付出的时候,想想自己的得到;在舍弃的时候,看看自己的收获。

凡事皆有极关键之时,抓得住的便是明者

命运并非天定,凡事尽在人为。成败的关键在我们每个人手中,抓得住的人如遇东风,鹏程万里;抓不住的只能庸庸碌碌,一无所成。

禅者通明,因此能够克制自我,不被世事迷惑,于关键处抓得住重点,抓得住方法,抓得住机会,抓得住自己的心,如此行事,即便功败垂成,也能不留遗憾与悔恨。

登山者无须舟楫，明者不惑

放下追求以外的东西，就是明智。

古时候，有个老翁无儿无女，和妻子过着贫困却快乐的生活。这一天，老翁出门捡到了一袋金子，老翁诚实。跑到衙门交给捕快，县官知道这件事后，对老翁说："衙门会贴一个告示，如果三个月内有人来领取，钱就归失主；如果三个月还没人领取，钱就归你。"

一晃过了三个月，无人来领取这袋金子，老翁就成了金子的主人。他一下子成了一个富翁，在城南买了一所大宅，又买了很多富丽堂皇的玉器装饰屋子。他的妻子苦尽甘来，也穿上了绫罗绸缎。没想到不到一个月，宅子失火，烧成了一片瓦砾，老翁又变成了穷人。

邻居们都以为老夫妻一定会哭天抢地，相约去安慰他们。没想到老夫妻很痛快地搬回到原来住的土屋，依旧说说笑笑。邻居们好奇地问："你们怎么这么高兴？"老翁说："那笔金子本来就不是我的，我偶尔得到，享受了一个月，已经是上天眷顾。现在我们回到原来的生活，也没有任何损失，我为什么要为不属于自己的东西难过？"

富有的生活一向为人们向往，天上掉下来的一大笔钱更让故事中的老人成为幸运儿。可惜幸运的时间不长，面对失去，老人的态度达观而自在：那东西不属于我，我为什么难过？老人的这段经历可以算得上是大起大落，豁达的心态，清醒的头脑，就是我们常说的"明智"。

什么是明智？对待生活，过分看重和追求那些多余的东西，是不智。对生活有一定要求，却不把这要求当做生活的全部。生活中真正重要的东西往往很简单，就像农夫要有田地，渔夫要有渔船，不论人生如何起落，只要有这些最重要的东西,就是一种幸福——能够满足于简单,就是明智。

明智的人能够抓住最本质、最关键的事,并把它们作为生活的基点。所以,他们不易被外部环境迷惑,也不会在人声鼎沸中迷失自我。他们最了解自己想要什么,最知道如何保持心灵的平静,他们简单而有头脑,不会常常为琐事烦恼,也不会被外物迷惑。明智者不惑,不惑者看淡得失,这是一种大胸襟,我们应在实际生活中以此要求自己,提高自己的修为。

古时候,有一个官差去外地办事。半路上,他不幸丢了自己的马匹,只能徒步行走。

第三天,前方出现一条大河,官差暗自叫苦。但他急中生智,在附近村民那里借了一柄斧头,砍伐了一些树木扎成木筏,成功地渡过大河。

前方是一座大山,官差害怕山那边仍然是河,就把木筏扛在肩膀上。山上的禅师问他:"这位施主,你为何要扛着木筏登山?不觉得累吗?"

官差说了自己的理由,禅师大笑说:"施主,老衲是化外之人,原不应多嘴,但万事随缘而作,登山者要尽量减轻负重,渡河者才需要舟楫,这才是成事的道理。"

"那你说,前边再有大河怎么办?"官差问。

"前边若有河,可以再想渡河之法,你背着木筏登山,岂不更加耽误时间?不智不智。"

这个故事里的官差把木筏当做自己行路的依靠,认为有木筏在,碰到河流就不必费事。事实上他费了更多的力气,这木筏却不知道还有没有价值。这就是一种不明智的做法。事情的关键在于用最好的方法到达目的地,需要的是双脚和头脑,而不是苦工。如果被自己的偏见迷惑,很容易把一次本来可以更轻松的旅程,变成一场苦役。

我们常常觉得生活中需要一个凭依,这凭依有时是金钱,有时是地位,有时是才华……如果少了这种凭依,我们就会觉得不安全、不完整,能力无法发挥。其实,唯一能够当做凭依的是我们的心灵,当这颗心是明智的、平静的,它便能让人通晓事理。当这颗心是迷惑的、纠结的,才会把其他事物错认为凭依，结果只是让我们的生活多了一个拐杖，虽然让我们走路更加方便，但是太过依赖，却会变成负担，让我们忘记如何迈步。

修禅者最应该做的并不是学习那些禅宗教义，而是先让自己的心态变得简单通明，不要让自己的欲念、偏见成为登山者肩上的舟楫。要把握矛盾中那些最关键的东西，看清生活中那些最本质的东西，知道自己心里最重要的东西，抓住这些，才能不被迷惑，不被他人左右。一心一意做好自己，这就是智者对待人生的方式。

初学者不要拿两支箭

同时追两只兔子的人，两手空空。

猎人的后代从小就要练习射箭，部落里有一个传统：初次练习射箭的人，手里只能拿一支箭。有些学习弓箭的孩子抗议说："我们只是初学者，怎么可能一次就射准？应该让我们多拿几支箭，哪怕多一支也行！"

部落里的神射手说："我像你们这么大的时候，就遵守着这个规定，直到几年后我才明白祖先们的意思。手里如果有两支箭，射第一支的时候就会想'这一箭射不好没有关系，反正还有一支'。这样一想，就射不好第一支箭，也许连第二支都射不好。"

初学者不拿两支箭是游牧部落的祖训。这个祖训有两重意思，第一重是说对待射箭要专心致志，每一支箭都要做到最好；第二重意思是说做事不要给自己留后手，就像作战时候不能想到后退，否则就不易胜利。这条祖训实际上是在告诉人们：做一个对自己有严格要求的人，因为机会只有一次，心志不坚定的人就会错过。

在很多时候，我们都能深切地感受到机会只有一次，抓得住的就是胜利者，抓不住的未必算失败，但心里总有所不甘；在两个选择中，我们也只能选一个，想要两手抓的人，常常一个也抓不住；我们心中常常产生一正一反两个念头，无法决定，这让我们变得优柔寡断……这些情况都是"两支箭"，这会造成不论我们做什么，都不能全力以赴。

我们必须明白，生活没有后手，在周密筹划一件事的时候，想到后路很重要，但在具体做这件事的时候，要当做这条后路并不存在。人在压力下才能够爆发出极大的潜力，所以，不要给自己留后手，是在逼迫自己，也是在激励自己。何况，事情的关键点只有一个，集中精力对待这一点才是最重要的。能够一次成型的事，不要做第二次，浪费了时间。一击即中永远是最快、最有效的行事方式。

从前有个法国青年兴趣很广，心得全无，他经常一头热地投入一项"事业"，却没有任何收获，为此他充满烦恼。他的父亲有个朋友，是著名昆虫学家法布尔，青年人决定向法布尔请教成就事业的秘诀。

"按照你说的话，你是一个对事业充满热忱的人，那么，说说你热爱的事业吧。"听了青年人的诉苦，法布尔问他。

"我酷爱文学，想要成为法兰西学院的诗人；我的小提琴拉得很好，以后有机会成为一个音乐家；更难得的是，我也喜欢自然，经常观察植物，想成为一个植物学家……"

法布尔打断年轻人的话，拿出一个凸透镜说："你说说，怎样通过这个凸透镜点燃一张白纸？"年轻人说："当然是将太阳光聚集在凸透镜的中心，一直对着一个点！"

"没错，现在你就是一个凸透镜，如果你不对准一个点，怎么能生火呢？"法布尔说。

故事里的青年爱好多多，心得全无，犯了个眼高手低的毛病。法布尔让他找准一个点继续发展，因为每个人精力有限，只能把这些精力集中到一点，才能有所成就。这也就是古语说的"有所为有所不为"。看到"不为"，是因为能够审时度势，有"不为"，才能竭尽全力有"所为"，这就是明智。

这个故事还可以进一步延伸，就是青年应该如何选择自己的事业。不给自己留后手是一种勇气，但做人不能傻气，如果发现手里的箭不对劲，及时换掉很重要，不要射出一支根本不适合自己的箭。没有选对方向不可怕，可怕的是一直在错误的方向走。那样耽误的是自己的前程，甚至可能让自己一生都碌碌无为。

在众多选择中，选哪一个最好？明智的人都知道，要选最适合自己的那个，或者自己最喜欢的那个。最适合自己的，才能让自己一直保持高度的热情，容易取得成绩。最喜欢的，因为喜欢，就算没有成绩，也能无怨无悔——人生，最重要的不是抓住成绩，而是抓住心灵的满足，那才是真正的幸福。

看准机遇，才能走得更远

眼光短浅，行事只顾眼前的人，是力量最薄弱的人。

兰兰和小梅是一对好朋友，兰兰是护校生，小梅在职高读酒店管理。这天两个人在一起闲聊，兰兰说起她最近每晚都去打工，在一个英国人家里做钟点工，可是那个英国老太太十分挑剔，还经常纠正她的英文，让她烦不胜烦。

小梅却说："我认为这是一个好工作，就算工资低点，老太太挑剔点，如果能学到地道的英语，不是很值得吗？"兰兰说："你别逗了，还地道的英语呢，我准备今天就辞职。"

小梅没办法，只好说："那么，你愿意将这个工作让给我吗？"兰兰爽快地同意了。

小梅开始在英国人家里做钟点工，英国老太太比兰兰说的还要挑剔，不但纠正小梅的会话问题，就连小梅走路的姿势，她也看不顺眼，常常说她不符合淑女规范。每次老太太大发议论，小梅就会虚心请教，然后按照老太太的指示去做。久而久之，不但老太太喜欢她，她的口语、仪态、习惯都得到了规范。

两年后，靠着这些东西，职高毕业的小梅进入了一家跨国宾馆，经理说："你的口语和仪态，都不像是一个职高毕业的学生，相信你有机会进入英国总公司发展。"

同样一份工作，同样一个要求过多的雇主，有的人看到苛刻，有的人看到机会。看问题的时候，要看那些对自己有利的方面，不要太计较自己受到的"不公正待遇"，仔细衡量出得失，这就是明智的人看问题的方法。故事中的小梅靠着自己的勤奋和努力，不但得到了雇主的喜欢，还得到了求之不得的锻炼机会。能抓住机会的人，永远是幸运者。

任何事情都有两面性，即使是极大的困难，也藏着机遇的种子。比如，在工作中遇到了挑剔的上司，挑剔从另一个角度来看就是严格，严格的上司往往能造就优秀的下属。在明智的人看来，这就是机遇。有的人喜欢找那些清闲的事情做，有人偏去做那些困难的、看似无法完成的事。他们有意识地锻炼自己，明白在困难中能够学到更多的东西，得到更大的提升，所以他们能够抓住更多机遇，比那些贪图清闲的人走得更远。

对于一个有事业心的人来说，机遇至关重要。有的时候，我们没有那么精准的眼光，不知道何时能够碰到机遇，也不知道如何抓住机会。但也不用因此悲观，有句名言说："机遇只青睐于那些准备好的人。"我们能做的就是当那个"准备好的人"。

一个部落在草原上迁徙，寻找新的家园。当他们在一座大山里跋涉时，一位老人出现在他们面前，对他们说："我是太白金星，你们的坚毅和虔诚让玉皇大帝感动，从现在开始，你们每个人都可以捡起地上的石头，这些石头会给你们带来好运。"

牧人们谁也不敢相信老人的话，何况在旅途中，捡一堆石头增加自己的重量是件傻事。牧民们认为老人在戏弄自己，只有几个人捡起一两块小石子放进口袋。

第二天早晨，牧民们惊奇地发现，那几个人口袋里的石头变成了名贵的宝石。他们一齐大呼，然后开始后悔：为什么昨天自己不捡一些宝石呢？

如何当一个"准备好的人"？最重要的是要懂得判断，抓得住一切有用的东西。就拿上文的故事做例子，一群风尘仆仆的牧民很难相信几块石头能给自己带来好运，他们不肯增加自己行李的重量。从另一个角度想，几块石头能增加多少重量？根本不会给他们带去负担，姑且听之，拿上几块，能够带来运气，是赚到了，不能带来，也没有损失。

对他人说的话，不要轻信，也不要不信，找到让自己受益的方法，就是一种明智。在我们缺乏经验的时候，他人的指点既可能让我们受益，又可能让我们避免误入歧途。成功虽然不能复制，但我们必须多多参考那些成功者的经验，看看他们如何准备，如何面对机遇。

成功者在未成功之时，比其他人更踏实，埋头苦干，很少抱怨。他们最大的特点就是不论做什么，都要比别人多做一些，多知道一些，然后从中摸索经验，找出机遇。这个时候，他们已经充分做好准备，让自己更进一步。我们不需要完全重复成功者的道路，但一定要具备成功者的品格，在日复一日的努力中抓住最关键的机遇，看得更多，自然走得更远。

认准目标，切勿因小失大

不是世界贫瘠，是你没有远见。

猎人带年幼的儿子去打猎，在林子里抓到一只小鹿。猎人对儿子说："这只鹿可以留给你当宠物，现在你牵住它，乖乖在这里等我，我去找找有没有其他猎物。"

儿子很高兴，牵着小鹿等待父亲。谁知小鹿力气很大，竟然挣开绳子逃走了。儿子一路追赶，到了一条小河旁，再也看不到小鹿的踪影，他伤心地哭了起来。

晚上，猎人带着猎物回到原地，看到儿子哭得伤心，就问："小鹿呢？你哭什么？"儿子说："逃跑了，我怎么追也追不上。"猎人无奈地说："所以你就一直坐在这里哭吗？你知道吗，我刚刚看到一大群鹿在这边经过，如果你没有低着头哭个没完，就能拿起弓箭，再打好几只小鹿。你为了一只小鹿，失去了一个鹿群！"

因为一只小鹿失去整个鹿群，这种因小失大是最让人遗憾的。并非没有机会，也不是能力不够，仅仅是判断出现错误，或者太过重视眼前的东西，就造成莫大的损失。会有这种情况，在于人们不能够随时随地认准自己的目标，或者人们把目标定得太小，标准定得太低，只盯着眼前的一点东西，看不到更大的利益。

凡事都有"小"与"大"之分，明智的人都有大局意识。大局，就是那些能够决定自己人生走向，奠定自己未来发展的事，这些事在人的一生中最有决定意义，必须牢牢抓住。在小事上，大局表现在人们能否在近前的利益面前想到背后的东西，是否会因为一时的状况不佳耽误到事情的进展。那些能够克制自己，服从目标的人，就是有大局意识的人，他们抓住的，基本是"大"，而目光短浅的人，只能得到"小"。

一对夫妻生活在一个山村，他们日出而作，日落而息。每天早晨，丈夫带着妻子头天晚上做好的饭去田里种地，妻子在家里织布、做饭、收拾房子，日子平凡而幸福。

有一天晚上，丈夫高兴地冲进屋子，对妻子说："我们发财了！我们发财了！"说着，他从衣服里拿出几个刻着彩色花纹的古董盘子。丈夫说："我在锄地的时候挖到了这些东西，听说前段日子官府正在追捕强盗，这一定是强盗偷偷埋在地里的。"

"这么说来，我们可以卖掉它们。"妻子说。

"不行，有可能这些东西是官府正在追缴的赃物。"丈夫深思熟虑地说，"现在不能卖。"

"那么，我们先把它们收起来吧。"妻子说。

"等等，我要仔细看看它们，它们一定值很多很多钱！"丈夫爱不释手地捧着盘子，琢磨了一个晚上。第二天，他躺在床上呼呼大睡，妻子催促他去干活，他说："我们就要发大财了，为什么要干活？"第三天、第四天、第五天……终于有一天，妻子忍无可忍，将盘子扔进村口的河里，盘子被顺水冲走。她对丈夫说："别再做梦了！就算这些盘子真的值钱，你也不能因为几个盘子就不工作！赶快反省一下你都做了什么！明天照旧去地里干活！"

故事里的农夫就是一个分不清大小的人，他以为自己得到了意外的财富，为此连耕地都忘了，只顾着做白日梦。但他并不知道这笔财富的来源，也可能给他带来一次横祸。就算没有横祸，因为一笔钱改变了他勤劳的禀性，也是这个人最大的损失。他的妻子是个明白人，知道最重要的是守自己的本分，靠自己的双手劳作，她果断地扔掉了古董盘子，也扔掉了农夫的好逸恶劳，相对于农夫的一时贪念，妻子是明智的。

认准目标是成功的一个方面，不耽误目标则是另一方面。有些人能够认准目标，但是，当诱惑出现的时候，他们往往会改弦更张，这样的人同样不够明智。因为当人们认定一个目标时，那个目标代表了他的判断，可能是最适合他的，如果一点诱惑就打消这个判断，此后心志就会越来越不坚定，越来越容易被诱惑，他们定下的目标就会常常被耽误。

想要做成一件事需要坚持，坚持那个关键点，才能不被微末的小事阻碍脚步。不必理会路边有多少值得尝试的事物，也不必因一时得失耿耿于怀。有的时候，死心眼一点也没什么不好，适当的固执，恰恰能够保证人们不会因小失大。

没有改不掉的脾气

人们相信性格决定命运,是因为人们改不了自己的脾气。

古代有位将军,行军打仗本事一流,他的声名传遍国内国外,但这位将军脾气不好,为人暴躁,得罪过不少人,犯了不少错误。这一天,将军请教一位有名的禅师,禅师说:"我想这件事不用我再给你提点,你应该改掉你的脾气。"

"可是,我的脾气是天生的,根本改不了!"将军说。

"既然是天生的,一定时时刻刻都在你身上,现在请你把这脾气拿出来给我看看。"

"现在拿不出来,但我一与人争执,它就出来了。"将军说。

"既然不是时时刻刻拿得出来,那就是你自己控制不住,不能把责任推给上天,你现在和我说话能够心平气和,为什么与人争执的时候不能呢?"

将军被禅师数落一顿,终于承认自己的错误。此后,他果然越来越会控制自己的脾气。

俗话说,江山易改本性难移。故事里的将军认为脾气是天生的,只能烦恼不能改。每个人都有天生的脾气,特别是在复杂的情况下,人容易激动,这时就会把脾气暴露无遗。好的脾气会给人带来益处,坏的脾气却可能成为一个人的弱点,给人带来灾难。

人生的关键在于选择,命运的关键在于性格。明智的人善于选择,也明白个性的重要,所以修身养性历来为人称道。什么样的个性最好,仁者见仁智者见智,但有些性子非改不可,如果不加以控制,任性使气,到头来吃亏的还是自己。在故事中,禅师说没有东西是改不掉的,所谓改就是控制。只要能够时时警惕自己,常常反省自己言行上的过失,并在生活中对自己的脾气加以节制,至少能够克制它的危害。

人都有任性的一面,由着性子最舒服,控制性子就像给自己戴了个脚镣,所以,世界所有事中,为难自己是最难的。但是,你不去为难自己,自然有人要为难你,与其等到大难临头才后悔,不如在一开始克制住自己的脾气,实现心灵的良性循环。

19世纪是英国的"日不落时代",那时英国在位的女王是维多利亚,她是帝国的拥有者,有至高无上的地位。她的丈夫叫阿尔伯特,是一个性格温和的男人,一直全心全意地爱护、辅佐维多利亚女王。

夫妻之间难免产生不和,皇室夫妻也不例外。维多利亚女王从小性格高傲,天生的地位使她做什么事都很傲慢,连对待自己的丈夫,也常常摆出女王的架子。阿尔伯特决定给女王一个教训。

这一天,他们又因为小事发生争吵,阿尔伯特亲王把自己关在房里,反锁房门。晚上,女王来敲门,倨傲地说:"快点给英国女王打开房门。"

阿尔伯特亲王没有理会,在书桌旁看自己的书,维多利亚女王一个人站在门外,反思良久,才轻轻敲了敲门。亲王问:"谁?"女王说:"是我,你的妻子维多利亚。"

门开了,面带笑意的亲王站在女王面前。

作为"日不落帝国"的女王,维多利亚身份尊贵,没有人能够逆着她的性子。她的丈夫阿尔伯特亲王却用温和夹着严厉的手段提醒她:在别人面前,你是女王;在丈夫面前,你是妻子。一个妻子对待丈夫应该尊重,即使她是一位女王。女王很聪明,马上更改了自己的称呼,可见没有改不掉的脾气,只有不愿戒掉的心性。

雨果说:"被人揭下面具是一种失败,自己揭下面具却是一种胜利。"在别人指出自己失误的时候,要敢于承认自己的错误,更要及时改正这个错误,这就是聪明。而那些不待他人指出,就已经能察觉自己的毛病,努力加以改善的人,则是智者。

性格决定命运,而我们的心灵可以决定自己的性格。也许我们的努力不能改变个性的内核,但至少能够修剪它的枝蔓,让它向着良好的方向发展,给自己和他人以阴凉,而不是荆棘。修身养性,牢牢控制自己的个性,就是抓住命运的关键。常常检讨自己,修正个性上的缺失,就是最大的修行,这是每个人都应该领悟的道理。

不可在犹豫中错失良机

当别人在犹豫的时候,你已付诸行动。当别人行动的时候,你已领先。

狼妈妈觅食回家,发现两只小狼被绑在两棵树上。它心一慌,一定是有人类来过这里,将小狼绑在树上,是为了叫更多的人来将它们抓走。

"一定要趁人类回来之前救下孩子!"狼妈妈想。它开始努力地对着树上的绳子抓咬,正在抓一棵树,被绑在另一棵树上的小狼大叫起来。狼妈妈连忙跑到另一棵树旁,刚刚咬了一阵,那边的小狼又大哭着让妈妈来救自己。狼妈妈左右奔波,最后,它没有救下一只小狼,反倒被赶过来的猎人用网抓了起来。如果它能确定一个目标,集中用力,至少它能救下一个儿子,还能保住自己的平安。优柔寡断的结果,就是耽误时机,招致祸患。

狼妈妈发现孩子被人类抓住,它的心里未尝不知道时间有限,也许只能救一个孩子,但母子连心,她忍受不了另一个孩子凄惨的求救声,只能左右奔波。假设它能集中精力,尽快救下一个,然后母子齐心再救一个,未必不能成功。坏就坏在狼妈妈的犹豫耽误了时间,也错过了皆大欢喜的团圆机会。

我们经常因为犹豫错失良机,犹豫是我们常有的心理状态,有时表现为优柔寡断,游移不定;有时表现为左右为难,两边站不稳;有时表现为瞻前顾后,拿不定主意……人们为什么会犹豫?因为对自己的决定无法完全信任,他们总想着也许还有更好的方法,也许自己遗漏了什么。不能抓住关键点的人，总会拿无数个"可能"折磨自己。

在机会面前，在选择面前，我们需要平静，需要明智，这样才能避免犹豫不决。我们总是想要将事情反复权衡，做到万无一失，但我们拥有的时间太少，容不得举棋不定，更容不得反反复复。更多的时候，我们需要果断，需要速战速决。也许我们还没有锻炼出在最短的时间作出最佳决策的那种能力，但至少我们要敢于作出决断，即使那决断是错的，也是一种锻炼，好过失去机会。

一个富翁爱酒，酒窖里藏了各种各样的好酒，其中一个罐里藏着世间罕见的老年分杜康，富翁自信就算是皇上的酒窖里，也没有这么好的货色。如此好酒，必须等到一个最佳时机打开，或者自斟自饮，或者与身份高贵的人一同品尝，富翁一直等待这个"最佳时机"。

寒来暑往，几次富翁做大寿，都想打开这罐酒，每次下了决心随即犹豫："如果有更好的机会呢？"有时家里来了尊贵的客人，富翁也想捧出这罐酒，但刚刚碰到瓷罐又对自己说："万一有更尊贵的客人来呢？"直到富翁死去，他也没能打开这罐酒。在他的葬礼上，他的儿子不明底里，将酒窖里的酒拿出来款待来宾。那罐珍贵的酒，也糊里糊涂地进了别人的肚子，谁也不知道它的价值。

富翁想等到一个最佳时机捧出他最珍贵的好酒，直到他死的那天，这个时机也没有出现。也许这个时机早就出现了，只是他没有看到，白白放过。其实"最佳"是一个主观色彩强烈的词，只要自己认定是最佳就可以，富翁等不到，是因为他心里一直不甘心白白喝掉一壶好酒。但好酒的价值在于品味，将它闲置，才是真正的浪费。

酒越存放越香醇，人却不然，世事更是如此。岁月经不起蹉跎，明智的人必须克制犹豫。犹豫的最大表现就是等待，没有的人在等待，希望有一天能有好机会；拥有的人也在等待，希望得到更好的。等待的人怀着莫大希望，到最后却两手空空；没有的辜负了自身的条件，拥有的浪费了自己的所有物。因为不可知的未来，放弃了实实在在的当下，这就是糊涂。

不要为目标以外的事物犹豫,要牢牢抓住生命的意义所在。雄鹰的意义在于飞翔,不会在意翅膀上的羽毛是不是漂亮,做人也应如此。心有旁骛就会浪费天生的才能,在最恰当的时候,要做最恰当的事,不要犹豫。正如人们常说:"花开堪折直须折,莫待无花空折枝。"

细节是成败的关键

小事往往能决定成败,聪明人一开始就做好,傻瓜却要等到最后才做。

一位禅师路过树林,见一工人正在一棵高树上砍伐树枝,禅师就在树下看着工人。等到工人砍伐完毕,准备下树,禅师说:"施主请慢来,不要摔伤自己。"然后将工人脚下何处有粗枝一一说明,工人安然下树。

路过的人问那位禅师:"您真是一个奇怪的人,刚才工人在树顶,那么高,那么危险,你不出言提醒他,等到他要下树的时候才说话。"

禅师说:"当他站在树上,他知道自己身在险境,自然会加倍小心,这时候,我如果说话,就会让他分心;他做完活想要下树的时候,放松警惕,我这个时候提醒他,他才不会因为细小的疏忽而遇到危险。"

当别人看似危险的时候,禅师不出声,因为危险中的人自会小心翼翼。禅师想要提醒的是那些看似不存在的风险,这些风险称不上危险,但一个不小心,也容易发生意外。禅师的做法周详,他知道世间多数人都会注意关节,却常常忽视细节,而细节有时却能决定一件事的成败,在某些情况下,它也会成为关键点。

一件事有关节、有细节。关节,就是那些决定事物性质和走向的东西,细节,就是那些起辅助作用的部分。拿盖房子为例,打地基、支房梁、砌砖瓦叫做关节,而房顶盖什么样的瓦,地面铺什么样的瓷砖就叫细节。一件事最重要的部分无疑是关节,没有关节,细节再好也没用,房檐用上好的琉璃瓦,地板用最好的木头,倘若房梁塌了,一切苦工都是白费。

细节看似没有关节重要,实则不然。细节代表一个人做事的用心程度,有好的细节,就能将关节完善,做到真正的十全十美。还有更重要的一点是,关节大都是相似的,就如房梁和地基,盖来盖去只有那么几个样式。能够决定层次的是出色的细节,细节做得好,房子看上去就好;细节做不好,它只是一个呆板的屋子。所以人们常说:"细节决定成败。"

三个工人去应聘仓库管理员这一职位,经理说:"你们三个的简历我已经看过。现在已经是中午时间,按照我们公司的习惯,请你们去公司的食堂吃一顿午饭,然后你们再回去等消息。"

听到有免费的午饭,三个工人很高兴,他们坐在一张桌子上吃饭,那位经理就坐在他们邻桌。吃过饭后,经理对其中一个工人说:"恭喜你,我认为你适合仓库管理员这一职务,你什么时候方便上班?"

另外两个人不服气地说:"请问您的评判标准究竟是什么?我们的资历并不比他差。"

经理回答:"你们吃饭的时候,我一直在旁边仔细观察,我发现你们二位吃饭时狼吞虎咽,还掉了很多食物在桌子上。而这个人却会把最后一粒米饭都吃进自己嘴里,他更懂得节省和珍惜,这是一个仓库管理员应该具有的品质。"

仓库管理员这个职位,工作内容虽然简单,却是一个公司很重要的部分,经理首先要看的是人品和习惯,而不是其他。有人因为懂得节约得到这个工作,他靠的是自己早已养成的不浪费的习惯,这一个细微的闪光点,使他得到机会。在日常生活中,我们要注意自己的言行举止,养成一个好习惯,会使自己终生受益。

生活上的细节要仔细对待,心灵上的细节也不容有闪失,后者比前者更加重要,因为有了后者,前者就会紧随而来。如果说志向、性格、思考能力是心灵的关节,那么对一件事直觉性的判断,对具体事情的立场,对自己、对他人的态度就是心灵的细节,这些事看似只是个人爱好问题,却最能体现一个人的品质。

举个简单的例子,在公共场合,有人会毫不遮掩地大声讲电话,吵得身边的人只能大声说话;有些人却会捂住嘴巴低语,尽量不吵到别人。这是一个细节,却反映了两种态度,一种旁若无人,只想到自己;一种注意影响,尽量不打扰他人。在寻常生活中,没有那么多大是大非来考量人们的品德,只有这些小细节才是他人评判的基础。在任何时候都不要忽视细节,那代表的是你的能力与品质。一个人拥有良好的品质,走到哪里都会受人欢迎。

地狱与极乐,都在一念之间

同样的心灵,为什么要装满怨恨呢?

有个青年去拜访山间智者,询问极乐世界与地狱分别都在哪里。智者说:"极乐与地狱,都在我们心间。"青年摇头表示不解。

智者突然开始咒骂这个青年,他的言语恶毒,青年大吃一惊,连忙询问智者是否不舒服。没想到智者越骂越过分,说青年是个一事无成的纨绔子弟,竟然还不知好歹地来拜访自己,真是脏了自家的地板。青年再也遏制不住自己的怒火,挥拳向智者打去。智者连连躲闪,对青年说:"现在你是在地狱呢,还是在极乐世界?"

青年冷静下来,想起自己刚才面目狰狞,可不是就像地狱中的恶鬼?而想通后的自己面容祥和,难道不像是在极乐世界?可见地狱与极乐,的确就在人的一念之间。

智者说,地狱和极乐都在我们心间。当你愿意用一颗开朗温和的心面对别人,世界就是天堂;如果心中充满怨恨与不愤,世界就是地狱。我们不论做多少事,都是为了满足心灵的需要,换言之,为了使我们的心犹如置于天堂。选择天堂还是地狱,都在我们一念之间,这个"一念"非常重要,它决定了我们的心情,影响着我们的生活。

每一天我们都有很多念头,与人相处时,如果存有善念,就会使二人的关系向着好的方向发展;反之,则可能结下仇恨。我们能掌握住的不过是意念浮动的那一刻,如何才能保持对人的友善?要记得对他人友善就是对自己宽容。不论天堂或地狱,离不开他人的态度,何必与人纷争不休?人与人最关键的并不是冲突,而是共存的愿望。

既然是同一个念头,为什么不让自己多想一些善念?善良的人因为内心有光明,才能在看穿世事之时仍然保留自己的梦想,保留对他人的信任。对于一个生命来说,什么是关键?人心的纯洁就是关键。守住内心的单纯,生活就是天堂,至少自己能够筑起一个天堂。在这个天堂里,人与人的关系更多的是牵挂,即使有辛苦,有极大的艰难,也不会觉得心累。

一只驴一生为主人操劳,老了以后,主人心善,希望它颐养天年,就不再让它干重活,每天拉点不沉的货物,大部分时间,放它在家里悠闲度日。这一天,驴子老眼昏花,掉进路边的一口枯井中。枯井很深,驴子跃不出去,主人也碰不到驴子,井外的人无计可施。

驴子在井中抱怨自己太不小心,听到井外主人唤着它的名字,禁不住一阵难过。主人实在没有办法,驴子也知道自己出不了这口井,看来只能死在这里。

第二天,主人拿铁锹将井周围的土弄到井里,驴子以为主人要埋了自己,万念俱灰,闭上眼等死。突然,它想到主人的慈爱,想到自己的朋友们,它越来越不想死,就睁开眼睛拼命想办法。土不断落在它肩上,它灵机一动,将土踩在脚下,没多久,井被填满,驴子也顺利脱险。它有点后怕,幸好自己没有放弃一线生机,不然,这口井就是自己的棺材!

生与死有时也在一念之间。故事中的驴子可谓"置之死地而后生",它没有放弃一线生机,于是得到了转机,这样的"一念"是福音,驴子抓住了这个机会。那些自怨自艾,无所作为,任由自己消沉的是不智之人;能够将劣势转化为优势，凭借自己的努力扭转局势的人，就是明智之人。生死一线之间，明智，就是对生命的不放弃。

让我们重新审视一下"明智"这个词，明与智，明在前，智在后，明就是光明，即使身边一团黑暗，看不到转机与希望，也要相信一切皆有可能，只要坚持，就有希望。明智者会把阴影留在身后，相信光明就在前方。在行事之时，明辨是非，看准时机和关节；在独处之时，反思自己，尽量做到克制与从容。人生道路漫长，每个人都要学会抓住那些最重要的东西，舍弃那些不必要的枝枝蔓蔓。

每个人在内心深处都有两个愿望，一是成功，二是内心的充实，二者都要靠着一颗明慧的头脑才能得到。做事，要抓住事情的关键，做人，要抓住性格的关键。那些懂得善待自己，不迷惑，不倾斜，端正地走自己道路的人，就是聪慧的明智者。

凡事皆有极矛盾之时,看得透的便是悟者

万事存在矛盾,事与事、人与人、人与事有时如乱麻一团,剪不断,理还乱,让人们头痛不已。唯有及时看透情境变化,调整自己的思路,才能做出成绩。

禅者了悟。明了自己的境地,坚持自己的主张,尊重自己的对手。变通自己的行事方法,才能于矛盾处求出路、求发展。领悟矛盾,便是领悟如何生活,如何做人做事。

因境而变随情而行,悟者不乱

急中生智来自平日积累的灵活的思维习惯。

在一次大学生智力竞赛上,一个大一新生的表现引人注目,她已经进到了决赛。在知识提问环节,主持人问:"请回答,三纲五常的'三纲'指的是什么?"

"臣为君纲,子为父纲,妻为夫纲。"女孩回答得胸有成竹,现场观众哄堂大笑。女孩这才发现自己的答案刚好把关系说颠倒了。她临危不乱,一本正经地说:"我回答的是'新三纲',在我们国家,不管官位多大,都是人民公仆;每家只有一个孩子,都是家里的小太阳,父亲母亲围着转;女性地位越来越高,很多家庭都是妻子当家——你们说,我答错了吗?"

观众又一次哄堂大笑,并对女孩的机智报以热烈的掌声。在评委的示意下,主持人宣布这位女孩顺利过关。

意料之外情理之中的答案,使一时的口误成了顺利过关的"脑筋急转弯",比起旁人,将事情看透的人更易急中生智。就拿故事中的女孩来说,她不纠结于答案是否标准,因为观众想看的并不是标准答案,而是选手们的智力究竟如何。智力不仅包括记忆力,应变能力更是智商的反映。随口说一个"新三纲五常",更能证明自己是真聪明,并非书呆子。能够将情境看透,不拘泥于成规,最后得到成绩,这就是悟性。

有悟性的人不会手忙脚乱,经得起场面。不论是小场面还是大场面,有人的地方就有矛盾:人们各自的脾气禀性,志向爱好都有不同,凑在一起就会有纷争。更多的时候,每个人的利益点也不同,与他人的利益难免发生冲突,更会引发矛盾。什么样的人能在矛盾重重的情况下气定神闲?

就是有悟性的聪明人。

有悟性的人不会神志混乱,经得起风波。不论遇到的矛盾是难以解决的难题、尴尬的场面,还是与人交手时的见招拆招,他们明白要随时保持清醒的头脑,要看得透矛盾不算什么,尴尬也不算什么。只要这些矛盾、尴尬不是最重要的,一切都能解决。

一位省级领导去一个县城视察工作, 当他在一所重点小学发表演讲时,一个小学生手里的手机突然砸上讲台,差点砸中领导的头。在场的校长、老师大惊失色,领导随即叫那个孩子走上讲台。

那孩子并不是有意要砸领导,他在和朋友吵架,情急之下动了手,没想到手机飞了出去。此时孩子战战兢兢,不敢开口解释,领导却笑呵呵地问他:“你叫什么名字?几年级了?”等到孩子回答后他又对全校师生说:“这位××同学在那么远的地方,手机投得这样有力气,我看他以后一定能成为优秀的标枪运动员!”全场人哈哈大笑,一场风波消弭于无形。

幽默是能够消弭陌生感的最佳武器,也是化解矛盾的良方。故事里,孩子的行为让领导没面子,领导却没把这个“面子”当回事。在领导看来,讲话才是最主要的,他有本事把临时发生的意外当做脚踏板,让在场的师生对自己印象更好,也给听到这件事的人留下一个宽容幽默的印象,这对他没什么损失——如此行事,就是悟者。

在人们眼里,多数事看着都是矛盾,如何把事情看透?我们从小就学习的矛盾论其实是个很有用处的东西,它告诉我们要抓住最主要的矛盾,也就是你最在意的方面。看得透这一点,其余的皆可不在意,就算做不到纹丝不动,也能保证不因意外乱了阵脚,还能够再进一步,将这矛盾向有利于自己的方向转变,把矛盾转化为有利条件。

看透矛盾需要一颗平静的心,不论发生什么情况,都能审时度势,因为情境变了,矛盾也跟着变,只有一颗平静的心才能以不变应万变。那些内心波澜不起,遇事又能因境而变、随情而行的人,既是心灵的悟者,又是处世的高手。

豆荚与豆萁,都有自己的不得已

善待你的敌人,你的敌人自然会消失。

深秋,一位禅师路过一户农家,主妇正用豆萁生火煮刚剥好的豆荚。豆荚在沸水里痛哭失声,对豆萁大叫:"我们是同根所生,你怎么这样残忍,让我忍受被沸水煮的痛苦!"

豆萁也大声叫道:"你难道没看见吗?想把你煮熟的并不是我,我也身不由己,你没看到我也正在忍受烈火焚身?难道我的痛苦就比你少吗?"

看到这一幕,禅师感叹:"这和人与人相斗的道理何其相似。"

曹植的一句"本是同根生,相煎何太急"曾让很多国人落泪,抛去曹植和曹丕的夺位之争,就这个故事而言,被豆萁烹煮的豆荚有理由责怪豆萁,豆萁也完全有理由责怪豆荚:"我也在忍受痛苦,你抱怨什么?"在同等境遇下,豆荚和豆萁都有自己的苦衷,抱怨对方并不能改善它们的处境,这一点,与常常处于矛盾之中的人何其相似。

在生活中,我们最大的麻烦就是如何处理与他人的矛盾。儿女与父母、兄弟与姐妹、丈夫与妻子之间尚且有矛盾,何况在社会上遇到的陌生人,特别是那些有利益冲突的竞争对手,不得不步步谨慎,小心翼翼地提防,将对手视为仇敌,对对方每一个行动都充满警惕,甚至连人家的好意都以恶意来揣测。这样的偏见,极大地影响着我们的心情。

想要妥善处理人与人之间的矛盾,关键在于对他人的理解。如果豆萁有选择权,它也不想成为燃料,既让自己粉身碎骨,还落下个骨肉相残的坏名声。有道是人在江湖身不由己,有时候有人做出对你不利的举动,也许只是局势使然,不得已而为之,并不代表你们从此就要势不两立,再也没有友好相处的可能。

朱杰在一家公司的市场部工作，他是公司的老员工，对营销有自己的一套经验，很得上司器重。没想到今年以来，他的地位一直在下降，原因是公司来了一个叫小芸的新员工。小芸年轻有实力，又有很多新点子，业绩蒸蒸日上，成了公司的新力量。

朱杰很不服气，认为小芸是靠了关系才能有这样的业绩，他经常给小芸使绊子，和小芸抢客户。小芸也不是吃素的，看到朱杰为难她，就处处与朱杰对着干。因为忙着给对方添麻烦，两个人的业绩都受到很大影响，公司老总特意请他们吃饭，给他们讲了"鹬蚌相争"的故事，朱杰和小芸回到家后，各自反省自己。

特别是朱杰，他觉得自己作为前辈、作为男人，心胸太过狭窄，他主动找小芸道歉，并向小芸请教寻找客户的方法，还经常把自己的经验教给小芸。小芸是个爽快人，看到朱杰真心诚意，就放下成见，常和朱杰一起分析市场，制订计划，两个人合作无间。成了公司里最厉害的一对搭档。

故事里的朱杰忌妒小芸，一是忌妒小芸的才能，更重要的是小芸带走了上司的赏识。乍一看，因利益而生的矛盾简直无法调和，但我们要清楚，竞争无处不在，你击败一个对手，还会有下一个对手，不如实现利益均衡，把对手变为自己的盟友。

在体育赛场上，我们常常看到有些人台上是对手，台下是朋友。在台上需要争夺名次，尽量打败对方，在台下却能互相切磋，共同进步。如果能把这种精神发扬到工作中，就是公私分明，不把工作上的矛盾带入生活。

人与人的关系难免存在矛盾。普通人有自己的个性、自己的利益，面对矛盾要么回避，要么激化。矛盾对于他们来说就是个麻烦，能不碰就不碰，碰到了也解决不好，只能纠结。圣人与人产生矛盾，会尽量理解对方，满足对方，哪怕自己吃亏受罪，也当做一种奉献，一种修为，这显然不切合生活实际。聪明人面对矛盾不回避也不激化，他们会试图寻找一个平衡点，既让自己不吃亏，也让对方满意。这个时候矛盾仍然存在，但它已经成为良性的、有益的东西。可见能达到共存才是上策。

有悟性的人都明白：身处矛盾之中，理解他人很重要。只有理解，才能看透对方的目的，制定自己的策略。唯有理解，才能够在保护自我的同时，为他人着想，得到他人的尊重。理解是人际交往中的润滑剂，使用得好，就能极大地缓和矛盾。当然，理解不等于可以忍受对方的无理举动，更不等于退让。人可以大度，但不能让人小瞧。

感谢对手，他们的存在让你成长

人们能从对手身上学到最多的东西。

在广袤的非洲草原，有数不清的羚羊每日在草丛中奔跑觅食，有时，它们会被草原上的狮子抓到，成为狮子的食物。

一个部落首领看到这种情况，认为无害的羚羊很可怜，他带着部落里的人民捕杀了方圆千里的所有狮子。从此，羚羊高枕无忧，每天悠闲地在草地上散步。

可没过几年，附近的人们发现这里的羚羊变得呆头呆脑，每天好吃懒做，再也没有矫健的身手，很多羚羊甚至变得病病歪歪。部落首领想不通为何出现这种情况。一个有智慧的老人说："没有对手，就没有竞争；没有竞争，动物就会懒惰。只有狮子才能唤起羚羊的能力。"

首领去其他部落的土地上弄了几只狮子，那些死气沉沉的羚羊一开始相当惊慌，没过多久，果然变得朝气蓬勃，恢复了昔日的体魄。

在我们的人生道路上，有一类人是我们不愿面对又不能回避的。每当你得到成绩，却发现跟某些人相比，自己还有很大差距，这成绩也来得不开心；每当你失去一个机会，会发现某些人正将这机会握在手中，你羡慕也没有用。这类人就是我们的对手，在人生的每一个阶段，他们都会出现，他们让我们头疼，却也让我们警醒，发现自己所做的远远不够。

对手能让我们更好地磨砺自己。就像故事中的羚羊和狮子,没有狮子,羚羊就会懒惰,就会退化,有了狮子它们才会不停地锻炼自己。为了生存,我们也要不断地磨炼自己。这个时候,仅仅有意志力是不够的,还需要有人在身边不断叮嘱,但叮嘱的人比不上那些打败你的人,只有打败你的人,或者威胁你的人,才能让你学会真正的认真和用心。

我们的成就离不开对手。有悟性的人明白对手的重要,他们会利用对手来激励自己,他们暂时不去看那些太过遥远的大目标,只盯着和自己走同一条路的小目标,不断弥补与他们的差距。如此一来,就能经常察觉到自己的进步,让自己有更强的进取心。

17 岁的阿谈是业余网球爱好者,在市里小有名气。他有一个竞争对手叫吴瑞,比赛中只要遇到这个吴瑞,他必输无疑。阿谈为此大伤脑筋,每次想到自己的败绩,都很沮丧。

阿谈的姐姐阿颖知道弟弟的心病,就对他说:"有个对手是好事,你想不想打败吴瑞?"阿谈点头。阿颖说:"那你就经常看他的比赛,经常观察他,把他的绝招都学来。最好还能和他成为朋友,经常切磋,这样才能让你更好地发展。"

此后阿谈果然经常跟吴瑞切磋,吴瑞的比赛他每场必看,他观察吴瑞的动作,比自己好的,阿谈立刻模仿,同时也记下吴瑞的弱点。不到半年,阿谈的球技大有进步,已经能和吴瑞打个平手,他请姐姐吃饭作为感谢。

"那你想不想打得更好?"阿颖问。阿谈如今打心底里佩服姐姐,连连点头。阿颖说:"那你就把你发现的吴瑞的弱点、缺点全都告诉他,这样你们才能成为真正的朋友。"

阿谈照阿颖的话去做,吴瑞大为感动,也将他平日观察到的阿谈的错误一一告知,二人从此成了知己,经常一同练球。后来,他们都进了市里的网球队,作为代表参加全国比赛。

最聪明的人会把对手变为朋友,阿颖就是这样一个人。她教导弟弟接近对手、学习对手、超越对手,最后与对手成为朋友,共同进步,一切都为了自己更好地发展。不必认为向对手请教是件丢脸的事,也不必担心对手会倨傲地拒绝你,多数人都希望与人为善,共同发展。只有少数狂妄的人才会故步自封,拒绝交流,我们不能做这样的狂妄者。

想要把对手变为朋友,首先要承认对手的价值。夸奖自己的对手并不是贬低自己,而是对事实的尊重。试想如果你的对手是一个不起眼的人,胜利有什么快感?只有打败那些拥有雄厚实力的人,胜利才有滋味。或者说,对于那些有实力的人,失败也不是那么丢脸。

有悟性的人感激对手的存在,因为他们的挑战,我们能够更加了解自己,不论是优势还是弱点,在对手的映衬下,都变得纤毫毕见。好的对手是我们的镜子,照出真实的自己,让自己知道如何进步,为何进步。看得透的人都知道,那个站在你前面的人并不是你的敌人, 他们只是你前进的目标。也许有一天,他们会成为你的朋友,从此相互扶持,风雨同舟。

水至清则无鱼,较真不如双赢

与其说是别人让你痛苦,不如说自己的修养不够。

一座大山上有两座寺院,两座寺院都有自己的经济来源。因为地势的缘故,南山的僧人只能种甘薯,北山的僧人只能种果树。两座寺院的住持互相看不顺眼,经常发生争吵,他们禁止门下弟子和对方的弟子来往。到了秋天,南山的僧人每天吃甘薯,很想尝尝北山的果子,而北山的弟子守着一堆一堆的果子,只能吃化缘来的少量干粮。

一位云游僧人恰巧路过此地,听说了这件事。他找到两位住持说:"老衲云游四方,常看闹市之中人们为蝇头之利斤斤计较,一点是非大动干戈。怎么佛门清净之所,也会有俗人妄念、区区心胸?"两位住持大为惭愧,言归于好。从此,南山寺和北山寺互为表里,和睦相处。

南山的甘薯、北山的果树,本该互通有无,友好互助,却因为两位住持的不和经常发生争吵。寸步不让的结果并不是解气,反而让自己吃亏。在生活中,我们也不难发现这种情况,矛盾双方僵持不下,谁也不肯退步,最后谁也得不到好处。这还不是最惨的,最惨的是鹬蚌相争,渔翁得利,双方僵持到筋疲力尽,被旁观者占了便宜。

有些人喜欢较真,对自己的利益寸步不让,但是较真的结果虽"真",却再也容不下其他的东西。比如,一个人如果个性太过清高,对朋友要求太多,朋友一点错误他都指责个没完,最后他会失去所有朋友。一个人对环境如果处处挑剔,最后只能把自己隔绝在环境之外。

较真解决不了矛盾,还容易得不偿失,不如学着妥协。妥协并不意味放弃自己的原则,而是对现实的一种接受,既然情况不允许,为什么一定要两败俱伤?做人应该务实一点,思考解决问题的办法,而不是让问题越想越乱。妥协的实质是什么?是一种利益交换,就像过独木桥的时候,倘若两个人都站在桥中心,硬过肯定有危险,不如用自己的一步,换取他人的一步,两个人都能顺利地到达对岸。

文艺复兴时期,达·芬奇、米开朗基罗、拉·斐尔被称为"美术三杰"。其中,米开朗基罗最擅长雕塑和壁画,很多教堂都慕名请他雕塑圣像。

一次,米开朗基罗为一所大教堂雕刻一座天使像,几个爱好美术的贵族青年主动来帮忙。雕像完成后,大家啧啧称赞。这时,教堂的主教来了,他绕着雕像走了几圈,对米开朗基罗说:"你不觉得雕像的头发不够细致?"米开朗基罗说:"阁下果然慧眼如炬,是我疏忽,我立刻去改。"说着爬上脚手架,开始细致地雕刻天使的头发,然后下来问主教:"您看现在可以吗?"主教说:"妙极了!"

等到主教离开,几个青年围住米开朗基罗说:"这些教士最爱不懂装懂,您为什么不坚持自己的艺术?"米开朗基罗说:"我并没有更改自己的作品,只是做做雕刻的样子。"青年们会意,哈哈大笑。

米开朗基罗是个懂得妥协的人,表面上,他给足了官员面子,实际上,他也没有修改自己的作品。有时候妥协并不意味着牺牲，因为对方需要的，也许正是你不需要的东西。通过让步来铺平道路，既能确保目标的实现，也并不会损害你的利益，甚至会为你赢得更多的机会。

现代社会讲求双赢，这是人们通过激烈竞争领悟出的最佳经验。少一点血气方刚，多一点宽容大度，能够共存的时候，就不必拼到你死我活。如果不肯做出任何妥协，他人自然不会来迁就你，只能跟你硬碰硬。倘若你碰到了鸡蛋，也许还有胜算；若是巨大的石头，损失也许不仅仅是伤筋动骨。这样高成本低收入的事，聪明人尽量少做，最好不做。

妥协也是一种艺术，要知道一切矛盾的产生，都是事物发展的需要，人类社会的矛盾更是如此。考虑问题的时候，人们习惯为自己打算，这样做出的决策是对自己有利的，但往往与他人的利益相违背，于是矛盾自然产生。如果能在考虑问题时把目光放大。放远，用有利于双方的立场，照顾到双方的利益，这样得出的结论不但使自己受益，还容易被对手接受，是两全其美的办法。任何时候都要记得，能够为他人考虑的思维，最利于矛盾的解决。

困则变，变则通，通则久

走捷径并不是偷懒，认死理也不叫坚定。

高僧慧能带自己的弟子们来到一座悬崖下，对弟子们说："我们参详佛法，不过是为了领悟智慧，现在让我看看你们的悟性吧。在你们中谁能第一个到达山顶？"

慧能说完，弟子们都看向那悬崖。只见绝壁之上只有几根藤蔓、几株斜生的小树，还有一些杂草。他们硬着头皮开始攀岩，有些人没走几步就滑了下来，有些到了半山腰，再也没有力气。只有一个和尚爬了几下就放弃继续向上，转而绕到山后，找了一条小道走上山顶。最后，他是唯一一个到达山顶的人。

其他弟子说:"师父让我们攀上悬崖,你怎么能偷懒走捷径?"这个和尚说:"师父只说让我们到达山顶,并没有规定方法,你们的头脑不知变通,非要去摔得鼻青脸肿,怪得了谁?"慧能说:"善哉,变通就是智慧,这就是悟性。"

师父出了考题,有个弟子走了捷径被其他弟子指责为偷懒。但这条捷径正是师父心中的最佳答案。考题不重要,重要的是会答,就如同素质教育提倡书本不重要,最重要的是能力。在难题面前,有捷径不走不是勤奋,而是犯傻。变通一点,灵活一点,一切矛盾都会展现出与以往不同的一面,让你觉得它并不是攻不可破。

变通是一种思考方式,也是一种做事手段。有了困难就要想办法解决,老办法解决不了的矛盾,就用新办法。就像爱迪生发明灯泡,灯芯的材料要一次一次地试,铁丝不行就用铝丝试,铝丝不行就用钢丝试,总有一天会把最合适的钨丝试出来,这就是变通。如果爱迪生死脑筋,认准了铁丝,火烧不成用水煮,水煮不行用烟熏,盯着铁丝不肯放手,就算再勤奋,灯泡也亮不起来,这就是不知变通。

我们之所以害怕新办法,是因为对老一套有严重的心理依赖,就像用惯了拐杖的人,一旦离开旧拐杖就不会走路,不相信新拐杖比旧的更好。有时候要让自己想开一些,矛盾为什么解决不了,就是因为用错了方法,如果不把方法改掉,困难就会一直在。想要解决现实中的问题,先要解决精神上的守旧,学会变通。

一个年轻人进入杂志社工作,他遇到的第一个难题是约稿子。著名作家的稿子很难约,他只能硬着头皮一次次打电话,或者登门拜访。每一次他得到的都是"抱歉"、"下次有机会合作"等答复。

这一天,年轻人去拜访一个老诗人。老诗人显然是经常遇到这样的约稿者,脸上露出了不耐烦的神色。他匆匆与年轻人说了几句话,就露出了逐客的意思。

年轻人也对这次约稿不抱任何希望,他对那位诗人说:"虽然没有约到您的稿子,但能看到您,我很高兴。我从小就学习过您的诗歌,一直想要见见您。"说着,年轻人背诵了一首诗人年轻时写的诗。老诗人听了,大为感动,握着年轻人的手说:"我真没想到,这一代的年轻人还会真正喜欢我的诗歌。我这里有一些刚刚完成的作品,你看一看,喜欢的就拿回去吧!"年轻人没想到自己几句感叹,会出现这样的转折。

在困难面前,不但要能屈能伸,有耐心有决心,还要能弯能折。故事里的年轻人很幸运,他在刚刚工作的时候就遇到了一堂生动的人生课,让他知道在死胡同面前要懂得转弯的艺术。转弯就是转机,达到目的的方式不止一种,约稿不成可以谈谈作品,没准就能谈成,就算谈不成,也给人留下个好印象。

陆游有这样一句诗:"山重水复疑无路,柳暗花明又一村。"这句诗包含着人生的哲理:转换方向,绝路也可变成坦途。如何转弯?转弯就是在事物的矛盾中抓住突破口,最主要的方法是打破常规思维。就拿送礼物来说,别人都送花,你送个雅致的小盆栽,这份别出心裁就能更让收礼人喜欢。

面对矛盾,我们都要修炼出一种变通的心态:一定要打破僵化的思维,不要死钻牛角尖,寻找捷径并不是偷懒,"曲线救国"也不是耍心机,只要能够将矛盾解决的办法就是好办法。遇到困难的时候,一定要知道自己已身在死胡同,尽快换一条路,才是悟者的选择。

压抑自我,不如来一次倾诉

绑在心上的锁链,需要别人为你松一松,因为他们看得比你清楚。

一个理发师最近愁眉不展,他是国王专用的理发师,他知道一个惊天的秘密:国王长着一双驴耳朵。他知道如果将这件事告诉第二个人,国王一定会杀了他。

　　人的心里一旦有秘密就会有倾诉的欲望，理发师没办法，只好在花园里挖了个洞，把这件事告诉那个洞。没想到几年后，那个地方长出一棵树，树上的每片叶子都大叫："国王长了驴耳朵！国王长了驴耳朵！"这下子，全国人都知道了这个秘密。

　　理发师战战兢兢去见国王，发誓自己并没有把这件事告诉任何人，国王却说："反正现在全国人都知道了，我倒像是放下了心里的一块石头，仔细想想，我的耳朵的确长了点，但这有什么关系？我仍然是个好国王！"从此以后，国王和理发师都不再郁闷。

　　理发师知道了一个秘密，他憋在心里成了心病，国王心里也有秘密，直到被人知道才能放下心中重担。压抑的时候，不论是寻常百姓还是国王贵族，都需要一次倾诉。倾诉能够让人排解心中的不满，得到他人的关怀和安慰，也许还会得到解决事情的有益启示。

　　每个人都会有心里觉得压抑的时候，适当地压抑自己不会有什么影响，但一旦压抑过度，太多的矛盾压在心里就成了烦恼。烦恼过重，头脑就不能专一，做一件事的时候也会想着另外的事，极大地影响办事效率。心中有压力的时候，情绪就会不稳定，不但影响判断力，还会影响与他人的关系，让他人也承受同样的压力，并为此恼怒。

　　解除压力的最好方法是发泄。同为发泄，有人选择向他人发脾气，宣泄了自己的不满，却让他人成了出气筒，这种方法不可取；还有人选择疯狂购物、过度运动来转移注意力，这种非理性的行为虽然得到一时的痛快，却也会给自己造成不小的损失。最一本万利的发泄方式是倾诉，倾诉是在为心灵减压。当你和一个值得信任的人将一切说出来，也许你自己就会发现事情没有那么严重，不用别人安慰，你就能走出低谷。

　　美国内战的时候，林肯总统每日心焦如焚。但他是总统，要当指挥若定的统帅，不能让部下们看出自己忧心。在人前，他是一副胸有成竹的模样；在人后，他却极度苦闷，一肚子的话无法对人说，想要发泄又不能泄露自己的情绪。

终于有一天，林肯知道心里的事再不倾诉就会压垮自己，他写信给自己从前的一位老邻居，请他来白宫做客。邻居很快赶到华盛顿，林肯与他进行了一次长达几个小时的谈话。邻居原本以为林肯有事要找自己，但他发现林肯在诉说的时候并不需要他的意见。老人明白，林肯不需要找人商量什么，他只需要一个友善的、值得信任的倾听者。

会谈结束了，林肯露出了轻松的表情。老人知道这一次倾诉，减轻了总统的很多压力。

有时候我们倾诉，并不一定需要得到什么建议，其实我们对自己在做什么，如何做下去，会得到什么结果比任何人都清楚。我们需要的仅仅是减轻自己的压力。就像故事中的林肯，他对南北战争的局势了若指掌，却仍然需要一个人缓解内心的苦闷。也许我们都需要一个审视自己的机会，倾诉，正为我们提供了这个机会。

在发达国家，心理医生是一个流行的行业，很多专业有素质的心理医生每天做的不是治病，只是倾听别人的烦恼；而那些来心理诊所的人并不是病人，他们仅仅需要一个倾诉渠道，用以缓解自己的压力。所以我国有学者说："人人都需要心理医生。"并不是每个人都有病，而是每个人都不应该过分地压抑自己，要努力保持自己的身心健康。

看不透的时候不妨说出来，旁观者清；觉得累的时候不妨说出来，找点依靠；压力大的时候更要说出来，因为人的承受能力有限。妥善选择你的倾诉对象，他应该是温和的、友善的、值得信赖的，最好能够有比你更多的阅历。当你实在找不到合适的倾诉对象时，还可以试一下和自己说话，自言自语有时也可以是一种快乐。处境矛盾的人最容易疲惫，也最容易有压力，这时候，与其压着自己，不如一吐为快。

矛盾来自心魔，而不是他人的品评

活在别人的话语中，是禁不起考验的人。

古代日本有一禅师被天皇器重，天皇特为其修建一座宝刹。这座寺院位于山间，每到黑夜，就有野鸟居于正殿。小和尚们只好每晚驱赶这些野鸟，将它们赶到院子里。

禅师看到这件事后说："正殿这样大，难道连几只野鸟都放不下吗？为什么要驱赶它们？"天皇听到这件事大为赞叹，对臣下说："禅师果然是世外高人，正殿就如人心，野鸟便如人言，人心之大，又何必畏惧几句人言？"

人心之大不必畏惧人言，心有多大舞台就有多大。禅师说正殿不必驱赶野鸟，因为能够纳物方为大善与大用，挑剔只会显得一个人气量狭小。有时候我们需要海纳百川的心胸，既要容纳旁人的赞誉，更要容纳旁人的不理解与非议。

人与人性情不同，没有人能够完全了解你，很少有人能够毫无保留地欣赏、接受另一个人，这时候就会产生矛盾。如果涉及利益关系，矛盾就会升级。如果双方寸步不让，就会变为敌视甚至仇恨。当矛盾加深到不能解决的程度，就会以激烈的方式爆发。所以，看得开的人总是避免激化矛盾、滋生事端。

常言道祸从口出，有时候也可以说祸从耳入。我们常常很在意他人对自己的看法，想要知道他人在背后如何议论自己，以此来判断自己的地位，甚至决定自己和他人的亲疏关系。但要知道，有时候他人只是一句闲话，他自己都是说了便忘，如果你听到后念念不忘，就是为难了你自己。有时候他人说话有口无心，你若斤斤计较，倒显得没有气量。

有个男孩天生一副好嗓子，听过他唱歌的人都说他今后能当歌唱家，他小时候也曾做过当歌唱家的梦。可是,十几年过去了,他依然是个普通人。当同学们一起去唱卡拉OK,听到他的声音,都不解地问:"你有这样好的嗓子,怎么能浪费?就算当一个偶像歌手也好过做个普通大学生吧?"

男孩却有自己的苦衷,他小时候就参加过不少歌手大赛,可是每当面对评委和观众,他立刻紧张地忘记了歌曲的调子。这种事发生得多了,他就放弃了当歌唱家的念头。

有个老教授听说了这件事,就找来男孩问他:"你到底怕什么?"男孩说:"我担心自己唱的歌不合评委的心意。"老教授说:"你唱歌的时候不想着歌曲,却想着别人的眼光,难怪你唱不好歌。你不克服这个问题,能做好什么事呢?"

世间本无事,庸人自扰之。太在乎他人的品评,就会导致自己做事总以他人为标准,强迫自己迎合他人的喜好。就像故事里的男孩,唱歌的时候本来是要传达内心的感情,他唱歌的时候却不想歌词曲调,就想着他人会不会笑话,表现出来的都是胆怯,哪里能让听众满意?事实上,他的实力并不差,他害怕别人,其实是输给了自己的心魔。

归根结底,矛盾不是别人和自己过不去,是我们自己和自己过不去。因为过于在意,成了心魔,左右了我们的意念和行动。过分在意他人的眼光,他人就成了我们的绊脚石。如果将他们能够当做榜样,让我们以此为目标前进倒还不错;最怕的就是你只在意他人说了什么,埋怨自己没有做好落了笑话,不再完整地审视自己,而是一味按照他人的说法做调整。

活在别人的眼光中的人,终究会沦为他人的附属品。试想,一个人有着他人的喜好,做着他人喜欢的事,所有时间都揣摩他人的心思,不论他与他人友好或者对立,都不再拥有自我,他会疑神疑鬼,终日不安。心魔难解,但如果人们能解决自身的心结,矛盾也就变得简单透彻,我们需要知道,要克服的困难不是他人一句话,而是我们自身的缺点。只有凡事想着自己,琢磨着自己,才能有真正的自我,真正的生活。

能忍自安,真正的成功者都是忍者

作事不怕不成,只怕无忍无恒。

在唐朝,有一位叫寒山的僧人,他不但有很好的诗学才能,还有很高的悟性。有一次,他向一位禅师询问:"世间有人谤我、欺我、辱我、笑我、轻我、贱我、骗我,如何处置乎?"

被寒山询问的禅师叫拾得,他对寒山说:"忍他、让他、避他、由他、耐他、敬他、不要理他,再过几年你且看他。"

寒山问拾得,是禅学史上有名的对话,他揭示了人们在生活中经常遇到的难题,以及应对办法——忍。忍是一个会意字,意为心字头上一把刀,其中自然有苦楚,却也代表了一种力量。忍得住的人不会逞能,不会锋芒毕露,也不会招惹是非,他们的存在往往更长久,也更平安。古往今来,能够做大事的人都懂忍耐。

在生活中,我们如何面对他人的蓄意刁难?答案就是忍耐。特别是当我们的实力还不足以击败对方的时候,韬光养晦是最好的办法。何必与别人硬碰硬,也许现在你只是个鸡蛋,不必去和石头对碰。刁难几句并不会让我们失去什么,反倒显得对方缺少对人的尊重。不要因为忍耐力不够就降低自己的水准。

在人生道路上,我们如何面对重重困境?答案依然是忍耐。在困境中,我们需要做的是承担与寻求出路,而不是抱怨与自暴自弃。忍得住一时的伤痛,才能寻找机会,要相信有时来运转的那一天,你的所有忍耐和努力,都是为了那一天的一鸣惊人。

春秋时期,诸侯争霸。那时候吴国的夫差打败了临近的越国。当时的越王名叫勾践,他看到吴国强大,以越国现在的实力并不是吴国的对手,于是决定韬光养晦,暗地里发愤图强,期待有朝一日洗刷战败的耻辱。为了麻痹吴王夫差,勾践首先向吴王夫差投降,表示自己愿意成为夫差的奴仆。下了一番工夫之后,勾践得到了夫差的信任。

后来勾践回到越国,他把一个苦胆放在自己面前,每天都要舔上一舔,不断对自己说:"你难道忘记亡国的耻辱了吗?"在这种自我磨砺中,勾践励精图治,十年之后,终于使越国强大起来,最终打败了吴国。而勾践每天尝苦胆的故事,则成为一个成语:卧薪尝胆,它告诉人们想要成功,必须先要学会忍耐。

"卧薪尝胆"是中国最励志的成语之一,它代表了一种百折不挠的精神,坚忍就是这种精神的内核。一时的失败不代表一世的一蹶不振,真正的勇者不会逞匹夫之勇,更不会就此投降、甘拜下风。他们懂得蛰伏的重要,愿意花更久的时间积蓄实力,为长远打算,忍他人所不能忍,直到品尝胜利果实。

忍有大小,如勾践一样忍辱负重,遭人嘲笑,忍受艰辛,花十年的时间励精图治,最后一雪前耻,就是大忍。而在生活中,面对一时的讥讽不予置评,对一时的得失不去计较,埋头继续做自己的事,不去浪费时间,就是小忍。大忍是智是勇,小忍却是悟,因为人们常常在大事上做英雄,小事上却不能周全,所以小事上更需要悟、更需要忍。

孔子说:"百行之本,忍之为上。"忍是一种大智慧,也是大悟性,既代表了包容一切的胸怀,又可以成为图谋将来的策略。忍耐不是逆来顺受,更不是低三下四,它代表的仅仅是一时的退让。特别是身处矛盾之中,更要知道忍耐的重要。忍耐,能够让你冷静地观察局势,置之死地而后生;忍耐,能够让你有足够的时间积蓄力量,一举反击;忍耐,能够让你磨砺坚强的品性,对抗住人生的风浪……凡事看得透就忍得住,忍得住便撑得起,想当一个成功者,最重要的便是智者的眼光,加上忍者的胸襟。

凡事皆有极寂寞之时,耐得住的便是逸者

人生有追求便有寂寞,王国维说人要做事业,要望尽天涯,衣带渐宽,众里相寻,这都是寂寞而又苦闷的体验。但也正是寂寞,成就了人们的深思、独立、坚韧、自如。

想拥有一颗禅心,便要耐得住寂寞,守得住信念。不因一时的无助而放弃,不因一时的失意而失志,不因无人理解而降低自己,这才是超脱之人、飘逸之人。

众人皆醉我自醒，独处者深思

拥有丰富内在的人，能够享受到孤独的美与好。

一位禅师正在给他的弟子授课，他说："很多人好奇我如何能成为一个有修为的人，我认为方法很简单，只要你学会享受孤独。"

看着弟子们不解的样子，禅师进一步解释："就像各位看到的，我是个瘸子。在我很小的时候，我的腿断了，不能走路。当别人尽情享受生命时，我一个人在病床上抱怨苍天不公。我不与外界接触，不与他人接触，陪伴我的只有孤独。"

"最初，孤独让我难过，我认为自己被这个世界遗忘。后来我渐渐发现，原来孤独也有好处，它能让我有足够的时间平复心情，以冷静的心态思考问题，让我重新理顺人生，也让我发现活着是一种幸福。在独处时，我懂得了什么是人生，以及如何获得清明的心境。如果你们也能学会独处，享受孤独与沉思的乐趣，你们就是禅者。"

禅师给弟子们讲授修禅的道理，修禅让他忘记了自身的残疾、生活中的烦恼，让他懂得了人生的意义，这一切首先来自他能够接受现状，接受孤独。禅师说孤独与沉思都是一种乐趣。想拥有一颗禅者的心，首先要学会正视孤独。

人生在世，每个人都会面对寂寞，哲人说寂寞是人生的常态。父母养育疼爱我们，但他们无法替我们走完人生道路，因为思维方式的不同，他们只能按照自己的思维来疼爱我们，未必理解我们的心理；朋友理解、支持我们，但朋友有自己的生活，不能够时时刻刻陪伴我们，何况个性不同，难免也有矛盾产生；爱人是我们最亲近的人，但人与人本质不同，一个人无法完全认同另一个人……所以,人生的本质是孤独的。

多数人害怕孤独,一旦他们落了单,就产生一种被遗弃的心理,认为自己是个可怜的人。只有少数人才能真正接受孤独,他们能够习惯独处,在独处的时候思考人生、思考生活,这就是一种修为,借此能够领悟禅意。只有在远离喧嚣的清静场合,才能够真正做到抛离外物,否则熙熙攘攘,没有片刻安宁,思绪总是纷杂,如何深入思考?

一个国王将独子送到一位智者门下,希望他将王子教导成优秀的接班人。智者答应了国王的请求。国王走后,智者对王子说:"万物才是人最好的老师,请您立刻去森林里居住。"王子在智者的安排下,住进了森林。

一年过去了,智者去看望王子,他问:"您每天除了读书,有没有听到什么声音?"

"我听到了流水的声音、风的声音,还有鸟的叫声……"王子回答。

"请您继续留心森林中的声音。"智者说完告辞而去。

又一年过去了,智者又一次去看王子,问了相同的问题,王子说:"当我独自一人时,我听到了大地苏醒的声音、小草呼吸的声音、鲜花汲水的声音……"

"恭喜您,您已经懂得了万物的智慧,懂得了独处和静思的妙处。现在您即使处于红尘之中,也能够保持这样的心境,您一定可以成为优秀的国王。"智者说。

王子在智者门下学习,智者教他的并非治国之道,而是如何独处。智者深谋远虑,他知道人生而孤独,而国君无疑是芸芸众生最孤独的一个,肩负重担,却要随时防范身边的人。如果不能在年少时学习体味孤独,等王子成为国王,他如何面对更加巨大的孤独感?此时的王子学会了聆听万物的语言,等他成为国君,自然也会在日常生活中寻找相似的乐趣。

独处也可以是一种乐趣。与人相处,你的注意力在身边的人身上,只有独处的时候,你的眼界才会放宽,看到更广阔的天地。在与人交谈时,你担心会对他人失礼,无法仔细看看头上飞的鸟、院子里开的花;只有一个人的时候,你想看什么就看什么,喜欢做什么就做什么,没有人妨碍,也不必忌讳他人,这就是一种自由。

学着独处就是学着享受心灵的自由,而自由的心灵最适合深思,为什么那些常常独处的人对事物的见解更加独到? 就是因为他们有机会深入地分析事物,不被他人影响,也不被外界因素干扰,由此才能得出自己的判断。寂寞并不是坏事,也许它让你失去了一些喧哗热闹,却能给你更多的启迪、更多的智慧。

接受寂寞,才能享受寂寞

人在寂寞的时候,会惊奇地发现自己具备多种能力。

一个旅行团在大漠中遇险,因为出现风沙天气,救援队很难找到遇难人员,直到半个月后,才遇到一个生还的男人。男人遗憾地说:"除我之外,其他人都已经遇难了。"

"哦,这真是太让人遗憾了。"救援队员连忙给这位先生递上水和食物。这个男人说:"其实沙暴结束后,还有三个人活下来,但他们眼看其他人被埋在黄沙之下,不能接受这残忍的现实,所以越来越害怕,再加上饥饿和缺水,他们也都一个接一个死去了。"

"那么,您真是个幸运者!"救援人员说。

"我也忍受着死亡即将来临的孤独,几次想到放弃。但我看到沙漠上生长的仙人掌,在这样恶劣的环境中也能生存,我就鼓励自己接受现状,继续努力行走。最终克服了恐惧,找到了你们!"男人兴奋地说。

有人说死亡不是最可怕的,一个人等死才最可怕。因为死亡就像一团阴影一样慢慢侵蚀,等待的人无能为力,只会越来越绝望。有些绝境中的人害怕的并不是死亡,而是死亡来临前的寂寞。他们不是被死亡带走,而是被寂寞击垮。

不能接受寂寞的人有一个弱点,他们在心理上对他人、对外界有极强的依赖性,他们不能失去旁人的陪伴,否则就会变得缩手缩脚。这件事并不难理解,一个人在大环境面前总是显得渺小,人类天生就有群居性,习惯以团体的力量对抗困难。但也要知道,不是任何时候我们都能找到团体,更多的时候,我们只能依靠自己。

有时候,害怕寂寞是因为不够自信。他们害怕自己面对困难,总希望身边有个人拿个主意让自己参考;他们不愿意独自去面对风雨,总希望有个人相互搀扶;他们无法习惯自言自语,只要身边还有个人和自己说话,即使是自己不喜欢的人,也能让他们安心。人们的存在感总建立在他人认同的基础上,如果没有他人,自己的能力、智力就不再有意义。这样的人忘了一件重要的事:生命和生活是自己的,不是别人的,想要接受自己,就要接受寂寞。

方先生是电脑公司的技术人员,去年被调到德国工作。方先生不会德语,到了德国后虽然工作上有翻译帮忙,生活上却遇到了很大困难。他没有朋友,也没法和周围的人沟通,每周的户外活动就是去一次超市。渐渐地,他越来越受不了异国生活,每天只想着调回中国。

国内的朋友听说这件事,劝他出去走走,并说:“我记得你喜欢画画,德国风景好,不如你多去写生吧。”方先生认为这不失为一个打发时间的办法,周日就拿起画板外出写生。

德国的风景果然不错,碧青湖水,芳草如茵,还有庄严的古堡、幽静的森林,这样的景致在国内无法看到。方先生找到了精神寄托,从此每逢休息日,就拿着画板寻找美景作画。三年后,方先生回到国内,朋友们都说:“我们以为你在国外会十分无聊,没想到你画了这么多风景画,看起来你过得不错!”

“的确不错。”方先生说,“虽然我仍然没学会德语,但我学会了如何独处,享受自我。”

最初，独自在异国生活的方先生是一个害怕寂寞的人，等到有一天他接受了寂寞，开始与寂寞和解，他就能够享受到寂寞带来的乐趣。寂寞能够让人成熟，让我们对生活有更多深刻的认识，也能让我们发现很多平日不曾发现的东西，并从中找到趣味。寂寞，其实能够让人更好地融入更大的环境，享受更多的东西。

如何享受寂寞？要善于调节自己的情绪，发现生活的闪光点。寂寞的时候，我们难免沉浸在某种情绪里。如果那情绪是悲苦的，寂寞也就变成了自我煎熬，毫无乐趣可言；但那情绪若是明朗的，我们就能像故事中的方先生那样，不断发现身边的美，并产生互动。当一颗心沉浸在对美的欣赏中，不论什么样的生活，都可以变得情趣盎然。

另外，寂寞让人懂得珍惜。寂寞的时候，人们会怀念往日的美好，怀念起生命中那些温暖的回忆。这也是寂寞的另一种快乐，让我们更加知足，懂得感恩。寂寞也能让我们学会反省过去的缺点，今后对自己有更加严格的要求。寂寞让我们看到了自己的价值，让我们以旁观者的身份审视生命的一切。倘若有人能将寂寞变为一种享受，他就懂得了生活，也懂得了生命真正的含义。

不要依靠不能依靠的人

人贵自立，自立必先能自强，勿依赖人，勿强求人。

一位禅师带着他的弟子们出门远游，途中遇到一座山。一位徒弟主动探路，首先上山。山路起初好走，不一会儿就变得崎岖，弟子不甘就此打道回府，故而抓着枯草攀登。又过了一阵子，连攀登的枯草也找不到了，只有荆棘，弟子只好抓着荆棘向上走，最后也没找到出路，狼狈地下了山。

禅师见弟子手掌都被划破，连忙问发生了什么事。弟子说："山路难走，我只好抓着那些荆棘向上攀登。"禅师说："荆棘本身就爱依附其他物体，且有刺，你抓住它，这不是自讨苦吃?记住，千万不要依靠那些不能够依靠的人。"

攀着荆棘爬山，即使能够到达山顶，也会刺破双手，更有可能的是半途中手掌就被扎坏，不能继续爬山。寂寞的时候我们难免想到依靠，但那些不能依靠的人就像手边的荆棘，不能为你带来什么好处，即使有一点微小的利益，终究也会带来更大的损害。

没有人的生命能够一帆风顺，当我们孤独无助的时候，会希望有人能够帮助自己。人类社会因为人与人之间的互助才会进步，求助是一件平常事。何况一个人的力量太过微小，有时候想要达成目标，必须借助他人或团体的力量。能够妥善地处理个人与团体的关系，无异于如虎添翼，以最快的速度接近目标。在心灵上，我们在独处的同时，也有与人沟通的需要，否则就会将自己与社会隔绝。

不论现实中还是思想上，我们难免依靠他人，但在依靠之前，我们必须有自己的判断力，知道什么能够依靠，什么不能依靠。帆船可以依靠灯塔，依靠罗盘，这都是有益的，但它绝对不能依靠坏了的帆、不精熟的舵手，这些只会使它遭受灭顶之灾。如果依靠那些根本靠不住的事物，倒不如自力更生。

小刘最近升任公司的销售主管，几个朋友为他庆祝。酒过三巡，小刘苦着脸说："我跟你们说个实话，这个位置我坐得不踏实。主管突然跳槽走了，老板找不到合适的人，才把我提上来。你们说，我能踏实吗?眼下就有任务，我都不知道去哪儿卖这笔货!"

听了这句话，在座的小孔豪气冲天地说："别怕，我们公司最近要进这一类设备，这件事包在我身上，我一定给你解决问题!"小刘听了，感激得直拍小孔的肩膀。

回家之后，小刘经常给小孔打电话问情况，小孔每次都推托其词，小刘渐渐不满。这时有个朋友提醒小刘："小孔不是不帮你，但他又不是公司的领导,怎么能说进什么货就进什么货呢?你别太指望他。"小刘细一琢磨,真是这么回事。不禁懊悔自己相信了别人酒后的"豪言壮语"。

小刘想要依靠小孔,事前却没有考虑过小孔的实际能力,以致耽误了自己的工作,这件事究竟怪谁?恐怕还要怪小刘自己做事不周全,靠了不该靠的人。依靠不是攀附,也不是把自己的事完完全全交给他人操劳,一切都要在自己已经有条件的基础上,借助别人的力量。如果自己没根基,就算借来东风,也只能手忙脚乱,当不了用兵如神的诸葛亮。

我们生活在社会中,不论是成长还是成熟,都离不开别人的帮助。在向别人求助的时候,一定要仔细考虑。想要得到别人的帮助,一定要考虑到别人的能力和立场。如果别人的立场不适合出面帮助你,你提出要求就是为难他人;如果别人没有能力,你提出要求就是强人所难。就算是病笃乱投医,也不要把内科病历投给外科医生。这样一来你不但没有得到帮助,还会让那个无能为力的医生惭愧或者气恼。你多为别人考虑,别人自然愿意多帮你。

此外,不要因为别人没有帮助你,或者他帮助你却没有为你做好而生气,产生怨恨心理。无论帮或不帮,帮得好不好,人与人之间都应该留一份情分,不能以"有没有帮忙"或者"能不能帮忙"判断感情是否深厚。若是如此,感情就有了功利性,不再那么纯粹。

更重要的是,要明白有些事能找人帮忙,更多的事无法找人帮忙,只能自己解决。这样的时候也不要对人心失望,因为他人和你一样要忍受这种寂寞。别人能够坚强面对,你一样可以做到,忍耐加苦干,一定能够突破困境。

体味生命中最重要的东西，
做最好的自己

我们无法祈求痛苦停止，但是必须祈求我们的心能够征服痛苦。

春秋末期，很多百姓为了躲避战乱，逃进深山。一个农夫用斧头伐木，为家人盖了一座房子，又开垦山间平地，种下庄稼。

一天，农夫正在劳动，突然有人来告诉他："赶快回家！你家的房子被火烧了！"农夫急急忙忙跑回家，辛苦盖成的房子已经化为灰烬，他拉住邻居焦急地问："我的家人在不在里边？"邻人说："他们都在后山，什么事也没有。"农夫松了口气，又在烧毁的房子里翻来翻去，翻出一把斧头，兴奋地说："太好了！斧头没有烧掉！只要安个木柄，以后还能用！"

邻人们不解地问："房子都被烧光了，你为什么还这么高兴？"农夫说："虽然房子烧光了，但我的家人平安无事，就连我的斧子也没事。很快，我就能用它再为我的家人建一个更好的房子，我为什么要不高兴呢？"

逃难的农夫刚刚建了新居就遇到火灾，但农夫却不灰心也不抱怨，他的心中始终想着最重要的东西。比起一座房子，家人的安全最重要，谋生的能力最重要。试想一下，如果家人出了意外，就算房子是好的又有什么用？唯有保住内心最牵挂的人和自己最重要的能力，只要还有双手，就能为未来的生活奋斗，一切皆有可能。

生命中最重要的东西是什么？每个人都有不同的答案，有人为理想而活，有人为爱情而活。人各有志，志向没有高低之分。但有的时候，我们会被世俗的观念迷惑，忽略了最重要的东西。我们常看到父母为金钱奔波，忽略了孩子的教育。他们的初衷是为了孩子能有更好的条件，可是他们的孩子却并不领会，更希望父母有更多的时间陪伴自己，关心自己。

人们总是追求浮名和热闹，不甘于平凡的生活和平常的感情，因为平凡难免寂寞，浮华意味着热闹与受人瞩目。却不知生命中最重要的东西往往与浮华无关，而恰恰是那些最平常最普通的东西。一味追求热闹并不是错，但因此耽误了那些真正重要的，终究会是自己的损失。

玛丽是个有点自卑的女孩，她总是觉得自己不够漂亮。比起同龄的女孩子，玛丽少了一份活泼开朗。在女孩子们参加舞会的时候，她常常窝在家里看书。

圣诞节那天，妈妈送给玛丽一个漂亮的发卡。那发卡是亮丽的橙黄色，做成蝴蝶的形状，镶了明亮的碎钻，在灯光下闪闪发光。玛丽一下子被这个发卡吸引了，她觉得只要戴上这个发卡，她一定能够吸引别人的目光，她决定戴着它去参加圣诞舞会。

舞会很顺利，大家都夸玛丽很漂亮，有很多受欢迎的男生主动来请玛丽跳舞，还殷勤地问她的电话。玛丽一下子对自己有了信心，她相信，这都是那个发卡的魔力。

玛丽开心地回到家，妈妈对她说："你回来了？你真是粗心，我那么费心帮你买了发卡，你竟然忘记别在头上。"玛丽这才明白，有魔力的不是发卡，而是自己对自己的肯定。

在寂寞中，人们会产生自哀自怜的情绪，甚至会变得自卑无助。故事中的玛丽就是一个自卑的女孩，她竟然认为自己的美丽来自于一个发卡。生命中最重要的东西就是自我的存在，而这个存在需要自信。没有自信，向日葵就会低下头，露出光秃秃的茎秆，不再美丽，也不能吸引别人的目光。这对自己、对他人都是莫大的损失。

对自己要有一份正确的认识，建立对自己的绝对信心。要建立自信就要擅长发现自己的优点，多多鼓励自己，欣赏自己。不要只把那些被人羡慕的东西当做优点，也不要只盯着那些和功利性有关的成绩、地位、外貌等，有时候一双会插花的巧手、一笔好字、一份好手艺都可以成为你的优势。没有人生来一无是处，如果你愿意发现，愿意培养，总能找到。

即使现在不那么完美也不要紧，我们还能努力让自己变得更好。没有人天生什么都会，全靠后天的学习。即使你认为现在的自己没有什么特长，也可以靠着努力建立自身的优势。最重要的是，要相信自己，克服自卑，才能无惧他人的目光，不被他人影响，做最好的自己。

人生最大的成就是从失败中站起来

如果你自己不倒下，没有任何人任何力量可以让你倒下。

比利是一个保险推销员，他的成绩令同行们刮目相看。有人总结他成功的经验：比如，优秀的口才、细致的服务、整洁的仪容……但是，当其他推销员按照他的方法去做，却不能取得和他一样的成绩。他们百思不得其解，只好向比利请教。

比利很大方，他拿出一个本子说："这里面就是我成功的秘密。但我认为这对各位没有多大帮助，只有这个方法各位可以参考。"

众人翻开本子一看，原来本子上记录的都是比利推销保险时所犯的错误，还有他想到的改进方法，这些东西写了整整一本子。推销员们恍然大悟，与其向别人学习，不如从自己的错误中吸取经验，这才是最有效的学习方法。

人们在什么时候最寂寞？失败的时候。当自己的努力化为泡影，那种灰心丧气的感觉最让人难受。失败会让人不再相信自己，对自己的人生和理想产生怀疑，对自己掌握的知识不再那么有信心，甚至怀疑自己做出的选择是否适合自己……所以，人们害怕失败。

故事中的推销员比利不知经历过多少挫折，才终于不再害怕失败，彻底走出失败阴影。他的方法是把失败当成自己走向成功的教材，每一次失败都记下原因,告诫自己不要再犯。失败给人们以警醒,善于从错误中反省的人,才能避免犯同样的错误。而那些不懂得自省、一味抱怨的人,只能在一块石头上绊倒第二次、第三次……

孙敬从小就是个不安分的人,经常有许多稀奇古怪的想法,也经常惹事。好在他的本质不坏,健康成长,还考上了重点大学。

大学毕业后,孙敬又开始不安分,他放弃进入著名企业工作的机会,自己鼓弄了一本杂志。杂志只出了三期就闭刊,孙敬又开了一个饭店。没过半年,饭店倒闭。孙敬又开了一个专卖店,因为经营不善,这家店也没超过一年。

经过几次失败,孙敬一点点地积攒人脉,总结经验,最后和朋友一起在一个新行业做起:他们开了一个影楼。朋友发现孙敬是一个很好的合作者,他对各方面的事都有一定经验,而且很少抱怨。孙敬说:"出了问题,分析、尽快解决才是关键。"他们一步步分析客人的喜好,终于使影楼走上正轨。后来,孙敬又在很多行业试水,都取得了不俗的成绩。他以实际行动证明:成功可以是一种能力,一种由失败累积的能力。

失败是一个老生常谈的话题,故事里的孙敬一再尝试,一再碰壁,终于明白成功也可以成为一种能力。当你见多识广,有了足够的心理承受力,有了足够的资本,成功就不再是难题。在那之前,无论多少失败都像交了学费,再多一点又如何?一次又一次的挫折,只会让我们看淡失败,习惯那种寂寞与失落,让我们的心更加坚强从容,这是最大的收获。

失败是成功之母。这句话虽简单,却是至理名言,我们大家都知道,却常常忘记。失败能够积累自己的能力,当一个人的能力在各种领域受到挫折,但他仍然能纠正错误,不放弃奋斗,他就已经掌握了比别人更加丰富的知识。他知道的东西更多,见识的事物更广,经历多了,人生自然就会丰富,智慧就在这个时候积淀。

人生最大的成就就是以自己的能力克服失败。我们每个人都要学会走出失败。走出失败并不意味着成功,却意味着你已经具备成功者的心理素质,只有一个不再害怕失败的人才能走向成功。走出失败是一个心理过程,要克服失落感,要重建自信心,最重要的还是要耐得住寂寞。不要以为自己被打败了,没有人能打败你,你只是经验不够而已。

急流勇退,才有更自由的人生

懂得人生的人会在急流中择地靠岸,而不会一生在风浪中颠簸。

在古代,一位年轻的皇帝登基,当时国家政局不稳,内忧外患不断。新皇锐意革新,选拔了一批年轻能干的大臣辅佐自己,其中有四个人最引人注目,其中一个擅长军事,指挥兵马抵抗外族侵略;一个擅长外交,带领人马深入边疆开辟领土,发展对外关系;第三个胸中有韬略,辅佐皇帝完善内政,保证百姓安居乐业;第四个执行能力强,一手掌管国家机构,使国家行政高速而有效率。经过十年时间,国富民强,四夷臣服。皇帝对四位大臣感激不尽,让他们自己提出想要的官职。

第一个人要当护国将军,继续在疆场扬威;第二个人要求在自己开拓的领土封侯,光宗耀祖;第四个要当宰相,一人之下万人之上。只有第三个人对皇帝说国事已了,想要回家孝顺父母,陪伴妻子,皇帝分别答应了他们四个的要求。

又过了十年,留在朝廷的三个人因为功高震主,被皇帝忌惮;或因为朝臣造谣,或因为自己生了歹心,都被皇帝处斩抄家。只有那个功成身退的大臣,不但全家性命得以保全,还常年享受着皇帝的赏赐、百姓的赞扬。

历史上,位高权重的功臣难免功高震主,被皇帝、朝臣们忌惮。这些大臣有的认为自己问心无愧,却被有疑心病的人夺了权柄和性命;有些被逼得不得不造反,没有好下场;还有的人手里的权力多了,贪欲膨胀,想与朝廷抗衡,落得身首异处。只有那些在最显赫的时候退下去的人,才能颐养天年。由此可见，急流勇退是一种处世的智慧。

有一句诗说："高处不胜寒"，一个人的地位太高，收获太多，站在高处的时候，就是危险来临的时候。有太多双眼睛盯着他，有太多人嫉恨他，他的目标明显，防不住那么多明枪暗箭，这时候，是该让自己休息一下。该做的事已经做完，该得到的东西也已经得到，继续贪图身外之物，就会被这些东西困住。不如功成身退，去守自己心里的那一方宁静。

功成身退有时是一种保全自己的策略，有时是完善自身的方式，但也意味着极大的寂寞。曾经的荣华远离自己，看着别人坐上自己曾经的位置，也许那人的能力还不及自己，这种煎熬的心态让人很难忍受。当自己还有能力却只能忍着寂寞时，内心的不甘就会成倍增加。这个时候，我们需要换一换眼光，关注生活的其他部分。

一个正要退休的老人正在办理离职手续。几个年轻人是这位老人一手培养的，一直佩服老人的能力和为人。他们认为这位老人一直是这个行业的业务能手，都为他的离去惋惜。他们对老人说："真是太可惜了，公司少了你，真是一大损失。"

还有人说："现在这个项目已经收尾，明年就会见成效。您是主要负责人，却享受不到这份胜利果实，真让人遗憾啊。"

老人说："项目能做完就好，由谁来享受果实并不重要。而且，退休没什么不好，我一直喜欢钓鱼，现在可以天天去湖边钓鱼。而且，我从小学到高中一直练习毛笔字，工作后时间不够，把这个爱好荒废了，现在可以捡起来。还能和老伴一起去旅游，我们已经订了后天去泰山的火车票。还有……"听着老人的退休大计，看着老人丝毫不计较的表情，几个年轻人都很佩服这种心胸气魄。

有的时候，"退"是个人意愿，也有的时候，"退"是情况所迫，面对这样的结果，平和的心态很重要。"退"之后或许不是不面对你内心的寂寞，但同时也是一个新的转机，你可以重新拾起你丧失已久的生活情趣，包括陪伴家人朋友的时间，你可以发展完善自己的爱好，做做一直想尝试却没时间去做的事,这何尝不是一种幸福、一种收获?

人生有退才有进,也许这一种"进"并非在同一方向,但人生本来就不只有一个方向。有些大学老教授年复一年操劳,不是忙科研就是忙教课,忙得像个不停旋转的陀螺,直到退休他们才发现人生真正的乐趣并不是当陀螺。他们后悔过去只顾着工作,忽略了很多早该享受的东西,但青春易逝,惋惜无用。这种领悟也算是一种"进",至少在今后的岁月中,老人们能更加珍惜生活,让自己的生命更为圆满。

禅宗倡导人们不要把自己逼迫得太紧,一定要做到什么,以致这个愿望成了一种强迫症,挤压着我们的生命。这个时候也要有"退"的智慧,一往无前是好事,但一味向前冲,忘记休息的重要,也不利于身心的发展。在前进的时候,我们要懂得暂时的退避,这会让我们获得更大的空间。总之,进退得宜,才能有最自由的人生。

将冷板凳坐热是一种能力

工作愈认真,运气就愈好。

小周刚刚进入公司人事部工作半年,仍然是一个愣头愣脑的小伙子。他对经理说:"我想知道您是如何确定一个人的升职潜力的, 为什么您说能升职的,一定是老总会提拔的?"

"这很简单。"经理说,"就拿新人来说,那些肯坐冷板凳的,往往比那些咋咋呼呼的有实力。新人进了公司,难免有个被冷落的过程。这时候,有些新人整天抱怨,说自己怀才不遇;还有一些人从来不吭声,认真地完成任务,主动学习,这样的人,十有八九是有成就的。"小周恍然大悟:"原来如此,这样说来,就算在高层领导里,也有坐冷板凳的吧?"

"没错。"经理点头,"一切领域都有坐冷板凳的人, 观察一个人的能力，就是看他能否把冷板凳坐热，只有沉得住气的人，才能成大器。"

在现代职场，最有职场眼光的人无疑是每个公司的人事经理，他们能准确地判断员工的个性、能力、适合做什么、会有什么样的发展。人事经理不能未卜先知，看人一眼就说准一个人的未来，他们靠的是观察。有经验的人都知道，真正做大事的人有两点必不可少的要素：一是有能力，二是沉得住气、耐得住寂寞，也就是人们说的能坐冷板凳。

在职场上，坐冷板凳的人最寂寞。似乎永远不会有人来注意他们，既不知道他们做了什么，也不知道他们没做什么，他们看上去可有可无，没有任何存在感。坐冷板凳的人大多认为自己不会有什么成就，他们认为公司少自己不少，多自己不多，有什么机会都到不了自己头上。所以，冷板凳上的人处境艰难。

要仔细分析坐冷板凳的原因，要么是这个人能力不够，只能坐冷板凳；要么是上司拿不准你的能力和性格，想要把你放在一个冷僻的位置上，察看你的天资与耐性；还有一个可能就是上级想要升你的职，但要观察一段时间再作最后决定。能力不够，自然不能怪别人；如果能力够却还是在冷板凳上，也不用着急，因为坐冷板凳未必是坏事。

有位方丈和一位从远方来的禅师说起自己的烦恼：他的寺中有很多僧人。可是，他们身上总有这样那样的问题，不能让自己满意。他希望有个出众的弟子继承自己的衣钵。

禅师说："我看了你的弟子，他们每天勤于诵佛，天资也算聪慧，但身上总像少了什么东西，也许你应该考虑再收几个弟子。"说罢，二人交流佛法，彻夜未眠，一直聊到第二天清晨。二人正要安歇，突然听到寺院里传来钟声，钟声铿锵，余韵悠扬。禅师说："我走过这么多的寺院，还是第一次听到这么美妙的钟声，善哉，善哉。"方丈立刻叫来自己房外的弟子问："快去看看，今天敲钟的人是谁！将他带到我这里！"

敲钟人很快被带到方丈的禅房。敲钟者是一个年幼的小和尚，方丈记得这小和尚几个月前刚进寺里，平日也看不出他有什么资质。方丈问："徒儿,你在敲钟的时候想着什么?"

"敲钟是徒弟的职责,徒弟敲钟时,心里只有这口钟,一心想让它的声音更悦耳。"

禅师说:"以小窥大方知人心,这位高徒前途无量,你可要好好栽培。"方丈听完禅师所言,点头称是,当时就收小和尚做了亲传弟子。此后小和尚果然成了一代宗师。

眼中的禅是佛经佛像、木鱼念珠,心中的禅就是不为外物所扰,干好自己应该做的事。小和尚虽然只是敲钟的人,却能敲出一番清明,令禅师们叹服,这就是心中有禅之人的境界。从这个故事还能看出,即使最简单的工作,只要有心也能做得与众不同,让人眼前一亮。

现实职场中,坐冷板凳的结果有三个:一种是耐不住寂寞,跳槽到其他公司;一种是自甘平庸,在冷板凳上一直坐着,一无所成;一种是能够把冷板凳坐热,让人发现自己的优秀,承认自己的价值。在冷板凳上的人常常觉得自己无事可做,这时就要学习,就要钻研如何能把小事做好、做静,让别人能够以小见大,承认你的能力和悟性。

我们每个人都难免会坐冷板凳,这个时候不必心灰意冷,要有面对困难的耐心,还要有耐得住寂寞的韧性。只要心中有对事业的热情、对生活的热情,一定能够感染他人,成就自己。事实上,冷板凳最能考验人,也最能成就人。

怀着信念前行,脚步会越来越快

努力采取行动,因为确信所做的事将使情况改观。

一位禅师带着徒弟旅行,一路上风餐露宿。徒弟没想到如此辛苦,难免抱怨不停,一会儿嫌路程太远,一会儿说行李太重。禅师说:"我们要去拜访几位德高望重的老禅师,怎么能说辛苦呢?"徒弟仍然改不了抱怨的毛病。

这一天,师徒二人走进一座深山,禅师突然说:"这座山有老虎,我们一定要快点走。"徒弟听了后,不由加快脚步,师徒二人走得飞快,很快就出了深山,在山那边的小镇歇脚。禅师问:"你刚才走了那么多山路,肩上又有那么多行李,很累吧?"

徒弟摇摇头说:"奇怪,刚才一心想着逃命,脚下像生了风,一点也不累,这是为什么?"

"因为你有求生的信念,再远的路也能走,再重的担也能挑。如果你也有求智慧的信念,你就不会一路都抱怨。"禅师回答。

在人的各种信念中,求生的信念最为强烈,能让人发挥出无限的潜能。故事里的禅师想要告诉徒弟信念的力量:不要畏惧旅途的辛苦,只要有追求、有信念,任何人的脚步都可以变得飞快。如果一个人愿意像爱生命一样爱自己的理想,理想就会成为一种信念。

人有信念是一件好事,信念就像黑暗中的灯塔,尽管它在远方,它的光却让你觉得温暖,让路途看起来不再遥远。特别是灰心丧气的时刻,想到自己的理想和信念,就会涌出不服输的念头和新的力量,支撑自己在困难中站起来,让疲惫的心灵再次振作。信念,让人们相信不可能可以成为可能,相信前程与未来。

伴随信念而来的不光只有力量和决心,还有寂寞。有时候寂寞来自他人的不理解,当你选择一种事业,作出一项决定,身边的人可能都会反对,认识的人都表示怀疑。这种不被理解的寂寞,虽然不算众叛亲离,也让人难受。这个时候信念就显得更加重要,唯有如此,才能在众人的疑义中坚守自己的选择,做出一番成绩。

王林是管理专业的学生,在大学时,他自修日文。也许是运气不好,他的日语等级考试经常失败。不过,王林并没有放弃学习日文,他一直很努力练习会话,阅读各种日文书籍,并把它作为最大的爱好。

毕业后王林进入一家酒店工作,继续学习日语。公司谁也不知道他有这么个爱好。有一次,酒店来了一位日本客人,当时翻译都不在,负责接待的王林只好硬着头皮和那位客人说话,还帮主管翻译了客人带来的资料。主管惊讶地说:"真没想到,你的日文这么好!"

因为优秀的日语水平,王林很快得到了提拔。后来,更被总公司调到日本,负责那里的市场开发。王林庆幸自己从未放弃过学习日文,才终于等到了能够派上用场的那一天。

一个人独自做一件事,许久不见成就,难免灰心丧气,觉得寂寞。付出没有回报的滋味不好受。故事中的王林却有自己的开导方法,他把一直在做的事当做爱好,有成绩固然高兴,没有成绩至少有乐趣。如此一来,寂寞便不再是寂寞,而是一种对于学习和提高的信念。事实证明,耐得住寂寞的人才能有丰厚回报。

人为什么能忍受寂寞?因为心中有信念,有一定要达到的目标,这个目标所要的不一定是回报,还可能是一个人的志趣,也有可能是单纯的奉献。因为有了这样的认识,即使中途遇到了挫折和失落,也不必放在心上,因为挫折不断是人生的常态。耐得住寂寞与相信信念,都是对生命的一种领悟,也是心灵的一次超脱。

禅者追求一种为人的境界,这种境界就是对信念的坚定,当一个人怀有信念,他就会发现自己肩头的压力不再那么沉重;当一个人心无旁骛,他就能减少不必要的烦恼,轻装上阵。在寂寞的时候,要相信你做的事不会白费,你的努力早晚会得到回报;在失落的时候,想想自己最初的信念,就能一往无前,向着理想大步前进。

第 6 课

凡事皆有极困难之时,打得通的便是勇者

为者常成,行者常至。每个人都有面对困境之时,与其缩手缩脚,怨天尤人,哀叹自己没有能力,不如凭借一腔勇气,建立自信,突破灾难,当个响当当的勇者。

对修禅者而言,逃离困境就是远离菩提,失去了了解苦难、参透苦难、超越苦难的机会。困难是成功的试金石,勇者无惧,既拥有明日的机会,又拥有充实的人生。

脚比路长，人比山高，勇者无惧

世上无难事，只怕有心人。

一位国王想要培养儿子们的品性，他对三位王子说："我有一个心愿，想要去传说中的月亮城看一看。那座城在很远的地方，现在，你们去给我探探路，看看从首都去月亮城，需要多少时日。"

王子们接受了这个任务，开始上路。他们没想到去月亮城的道路如此艰难，首先要翻过一座大山，然后是一条横亘的河，接下来是野地，还有沙漠……在走到一半的时候，大王子忍受不了旅途辛苦，回去告诉父亲："月亮城太远了，根本没法到达。"

二王子和三王子继续行走。他们又穿过一片沼泽，然后遇到一座高大的雪山，二王子也回到都城，对父亲说："月亮城太远了，根本无法到达。"

只有小王子经过长途跋涉，到了月亮城。他回到都城后兴奋地告诉父亲："原来月亮城并不远，只需要一个半月的时间。"父亲说："没错，只需要一个半月。"

"难道您早就知道了？"王子们吃惊地说。

"我年轻的时候早就去过月亮城，我让你们去，是想告诉你们，没有比脚更长的路，一切苦难都可以克服。"国王平静地说。

国王想要培养儿子们坚韧的品性，给了他们一个艰难的任务。能够完成任务的王子历经了舟车劳顿和一次次险情，最后才达到父亲的要求。这位王子是个勇敢的人，勇敢不是不怕困难，而是在困难面前从不退让，甚至有些时候要知其不可为而为之。对于勇敢者，一位诗人曾经写过一句类似的诗："没有比脚更长的路，没有比人更高的山。"

　　每个人都遇到过困境,世界上并没有那么多懦夫,更多的人面对困难都希望自己有勇气排除万难,达到目标。那么,为什么最后成功的人寥寥无几?因为困难太重的时候,他们想到的是尝试着迎难而上,一旦发现困难比想象的还要艰难,就忍不住打起了退堂鼓:"我已经做了很多事,能做的已经都做了,现在不是我不坚持,是情况不允许。"于是,带着这种精神上的胜利,他们带着不那么完整的胜利感撤退,困难仍然是困难。

　　禅的宗旨是清净,但不是要教导人们从此隐居避世,遇到复杂的事就躲,遇到纷扰的关系就明哲保身,禅的内静与外修要保持高度一致。不然佛陀为何愿为他人舍身,说"我不入地狱谁入地狱"呢?修禅的目的并非出家,而是更好地在这个世间生活,这才是我们应该学习的智慧。所以,面对困难,我们要保持内心的平静和行动上的积极,两者结合就是勇气。

　　毕业后,尚宇成了职场新人,在一家公司打工,他遇到了一个十分难缠的上司。这个上司最爱挑人毛病,对待新人尚宇,上司可谓时刻观察留意,一有毛病,就要说个没完,还会把这些事告诉老板。更让尚宇受不了的是,一旦工作出了问题,上司就会把责任全部推给尚宇,同事也不会为尚宇说一句公道话。

　　尚宇只好跳槽。在新公司,尚宇成了优秀员工。可是,他又遇到了一个麻烦的上司,这个上司脾气暴躁,动不动就骂人,骂得十分难听。尚宇心高气傲,又想辞职了事。尚宇的父亲劝他:"世界上怎么会有十全十美的上司?如果上司要求严格,你就尽力达到他的要求,这对自己难道不也是一种促进?"尚宇打消了辞职的念头,他工作更加努力。渐渐地,上司对他的印象越来越好,逐渐将他当做重点培养对象。

　　似乎每一个职场新人都遇到过苛刻的上司,他们或者为人挑剔,或者太过严格,你做什么都不能让他们满意,这种情况让你不得不怀疑自己的能力或者怀疑他们的用心。不过,为什么一定要把事情分辨个明明白白?只要你继续努力,不被眼前的困境击倒,能力不够可以用努力弥补,上司别有用心可以用成绩回击,唯有继续努力才是克服困难的办法。

对待困难的时候,最好的方法不是躲避,而是迎难而上。很多人在困难面前容易游移不定,他们对人说自己在思考解决的办法,其实是在左右徘徊,不敢向前迈步,不断纠结要不要换个方向。在时机不成熟的时候,回避困难的确是一种策略,但大多数时候,困难需要你迎上去,困难需要你拿出拼劲,困难需要你硬碰硬,"狭路相逢勇者胜"。

不必为困难纠结太多时间,在逆境中,更能培养一个人勇敢的品性。不够勇敢的人只能与困境长期僵持,越过越难受;懦弱的人会彻底被困境压垮。凡事都有困难之时,与其坐以待毙,不如当个赤手空拳打开局面的勇者。勇敢的人,能把困境踩在脚下,继续前进。

不是每朵鲜花都能成为果实

人能够决定自己成为什么样的人。

年老的禅师和年轻的弟子正在花园里锄草。弟子看到满花园的花朵,兴奋地对禅师说:"师父,您常说人世枯荣的道理,我现在突然明白了。"禅师说:"说说你想到了什么。"

"我想人与万物没有什么不同。年轻人就像花园里的鲜花,娇艳欲滴,人人喜欢;壮年人就像果实,皮实肉厚;老年人就像果核,干干巴巴。您看我说得对吗?"

"你说得没错,但你不明白,果核看似无用,却是生命的凝结。"禅师说。

"可是要是没有鲜花,就不会有果实,更不会有果核,鲜花才是最重要的吧?"弟子有些疑惑。

"没错,所有果实都曾经是鲜花,但你千万不要忘记,不是所有鲜花都能成为果实,最后成为果核。"禅师说。

年轻人朝气蓬勃,老年人经历丰富,有时候难免会对自己的条件得意，产生争论。有智慧的老人往往不会和年轻人计较，只会以过来人的身份说些经验，让后来人警醒。不是所有年轻人都会成为有智慧的老人，有些人年老后庸碌无为，有些荒唐无稽，就像不是所有花朵都能结出果实。不必为自己今日的资本得意，凡事要看以后。

什么样的鲜花能够成为果实？首先是那些懂得保护自己的、不被人攀折的花朵。这样的花朵会尽量长在最高的枝头，不但能够接受最充足的阳光，也能防止被人摘走。想要成为果实还要有成长意识，它还会将根扎进最深的土壤，以汲取最足的养分，让自己越发成熟。

人也是一样，想要有所成就，就要像这些结果的花朵一样，要注意自己的根基，在一开始就要有学习意识，不断地累积，壮大自身。还要知道人往高处走，没有最好只有更好，不断进步才能更好地发展。唯有如此，一个人才能超越自身的限制，不断提高自己，使自己的生命焕发光彩。每个人都是有可能结果的花朵，关键是愿不愿意想、愿不愿意做。

在一家酒店，几个中年女服务员正要交班，这时走来一位衣冠楚楚的女士，她向其中一个女服务员打招呼说："好久不见！最近怎么样？"那位女服务员亲热地挽着女士的手，聊了一会儿天。等到女士走后，其他服务员说："天啊，那不是有名的服装设计师吗？你怎么认识这样的人！"

"哈哈，我当然认识她，在十几年前，她和我一样，都是这里的服务员。"女服务员说。

"那么，你们现在为什么有这么大的差别？"其他服务员问。

"那也不奇怪，因为我一直为薪水工作，而她在那个时候，就自己去报夜校，学习服装设计。她一直为此努力，所以现在她是知名设计师，我还是一个为薪水工作的服务员。"女服务员说。

同样的境遇下，选择不同，结局也会不一样。同样的酒店女服务员，有人可以成为设计师，有人十几年仍然是服务员。如果对这个工作心满意足，生活平安喜乐，任何工作都没有区别。最怕的是内心有不满足，自己不肯努力，只能羡慕别人的成就。

仔细分析人们不努力的原因，会发现并不仅仅是因为懒惰。有些勤勤恳恳的人是因为没有想到，或者干脆不敢想，他们会给自身的境遇划一个界限。常听这样的人说："我这一辈子就是这个样子了，做不了什么。"事实上没有人限制他们，是他们自己限制了自己，他们在内心里先给自己一个笼子，以为自己永远走不出去。于是，即使机会来到他们面前，他们也会对自己说："不可能，我做不到。"

倘若人们没有足够的勇气去梦想、去实现，就只能自甘平庸，一辈子碌碌无为，察觉不到自己的优点。生命只有一次，敢于梦想，困难就不再是困难，挑战也成了有意义的尝试，就像拿破仑所说："不想当将军的士兵不是好士兵。"

抱怨于事无补，行动才是突破困境的法宝

走路而摔跤，总比站着不动强些。

古代有个村庄，有一年闹了旱灾。有个农夫一家三口断粮已经有三天，儿子饿得快要晕倒。农夫和妻子只好求神拜佛，希望老天赐给自己的孩子一口饭吃。

有位菩萨听到了他们的哀求，现身说："我愿意实现你们三个愿望，现在你们说说吧。"农夫的妻子连忙说："我的儿子快要饿死了，请给他一碗饭吧！"菩萨立刻变出一碗饭。

农夫却大发脾气，对妻子说："你怎么这么笨！竟然只要一碗饭！你这么蠢，应该让菩萨把你变成一只猪！"话音刚落，妻子就变成了一头猪。

农夫大惊，连忙对菩萨说："菩萨，求求您，我不能没有妻子，请你把她变回来吧。"转眼间，菩萨将猪变成了人，接着就消失了。儿子吃到一碗饭，却没有吃饱，仍然饿得直哭。

面对困难的时候，大多数人都会抱怨，抱怨是一种简单易行的发泄方法。抱怨的人甚至会说："物不平则鸣，抱怨几句有什么关系？"如果仅仅是几句抱怨，当然没有多大关系，就怕抱怨成了习惯，从此只知道抱怨。遇到什么事都抱怨，到最后演变成没事也要抱怨，整天抱怨个没完，这样的抱怨会直接导致一个人人际关系紧张，甚至一事无成。就像故事中的农夫，一看就知道平日也没少抱怨妻子，大好机会面前还是忍不住抱怨，以致耽误了正事。

当一个人总是抱怨，他就不再认为抱怨是一种毛病，他会认为这仅仅是个人的一种习惯，无伤大雅。但被他抱怨的人却难免产生怨气，大家同时做事，别人都没抱怨，怎么就你一个抱怨呢？所以，对于总是抱怨的人，要么远离一点，要么同化，和他一起抱怨。如果人们都忙着抱怨，自然无心做事，可见有个喜欢抱怨的人在，那个团体的气氛就不会友好上进。

抱怨如果真能解决问题倒还无妨，但抱怨解决不了任何问题，只会让人沉浸在沮丧的情绪里不能自拔，怨天尤人。抱怨的人会抱怨外界环境不好，身边的人不好，自己的运气不好，就是不会问问这样不理想的结果之所以出现，自己究竟有什么问题。也不会问问事已至此，埋怨有什么用？做什么才能真正对未来有好处？

在古代，两个和尚住在偏远的地方。一天，穷和尚对富有的和尚说："我听说南海是一个好地方，我想去看一看，你觉得怎么样？"

富有的和尚说："南海的确是个好地方，我也一直想去，为此，我一直在准备盘缠，设计路线，至今还没成行。那么你准备了什么？"

"我什么也不用准备，只需要一个装水的瓶子，一个化缘的饭钵。"穷和尚说。

"你真爱异想天开。"富有的和尚说。

没想到一年后，穷和尚真的从南海回来，给富有的和尚讲了很多旅途中的事，富和尚羡慕不已。看来，最重要的并不是完美的计划，而是积极的行动。

富有的和尚自身条件不错，他把自己不能旅行的原因归结为他还没有准备好，相信他心里难免抱怨一次旅行要费这么大的周章。而穷和尚什么也不想直接行动，遇到困难就地解决，很快完成旅行。由此可见，积极行动是排除万难的法宝，只有行动才能把复杂变为简单。

抱怨的人目光比较狭窄，他们只盯着自己，不会想到世界上的人其实和他们一样，也要面临各种各样的困难，也会遇到很多不平事。抱怨的人固然有苦衷，但其他人也未必是幸运者，有些人甚至比他们还要困难。只有那些不抱怨只行动的人，才能克服困境，走出一片天地。从这个意义上来说，选择不抱怨，就是选择勇于面对。

如果把目光放大，就会发现与那些真正有困难的人比起来，自己的困难不算什么；如果把目光放远，就会发现与未来的成就相比，眼前的困难不算什么。生命有限，时间有限，很多机会会在你抱怨的时候偷偷溜走，有时间抱怨，不如马上应对困难，制订计划，开始行动。面对困难，我们需要的是勇敢的行动，而不是沮丧的抱怨。

烈日过后，花朵依然美丽

困难的时候，不要低估事情的难度，更不能低估自己的能力。

丽丽喜欢盆栽，在父亲的"赞助"下，她养了几盆花。这一天烈日当空，丽丽看到窗台上的花全都打蔫，拿着花洒就要去浇花。父亲却说："现在不能浇花。"丽丽着急地说："再不浇的话，花就晒死了！"父亲说："不能浇，正午的日头毒，你现在浇水，一冷一热，花非死不可。"丽丽半信半疑地放下了花洒。

傍晚的时候，父亲让丽丽去给花浇水。果然，那些像是快要枯萎的花朵全都展开花瓣，容光焕发。丽丽说："这些花真能挺，那样的太阳都晒不死它们。"

"花不是能挺，是一直活得好好的。"父亲说，"就像一个身处困境却懂得拼搏的人，你说他是在硬挺，还是活得好好的？"

"我看他比别人活得更好！"丽丽说，父亲满意地笑了。

养过花的人都知道正午不可以给花浇水，那时候的花朵看着打蔫，却并不是即将枯萎，而是花朵面对烈日的一种惯常反应。它自己会挺过烈日，选择合适的温度重新开放。仔细观察，大自然的许多事物都知道如此这般避开伤害，养精蓄锐，留待后发。而人们却常常因为各种主观因素，忘记这种生存的本能。

很多人害怕打击，并非他没有能力，而是缺乏应对困难的信心。他们认为自己不可能有克服困难的能力，这样的人是被困难吓怕的人。现代生活让我们日渐娇贵，一点事就紧张不休，不相信自己的能力。困难之所以"难"，就在于你现在觉得很难。但我们不能断言自己今后没有这个能力，所以在能够克服之前，我们需要的是咬紧牙关挺过去。

你如果去仔细观察老人和小孩，会发现老人走路低下头，弯下腰，十分不便；小孩子挺直腰板，蹦蹦跳跳，十分活泼。老人和小孩没什么不同，依然快乐地生活着。年老不算什么，生病也不算什么，只有活着最重要。如果能明白这一点，你就会知道困难并不会让你一无所有，只是让你暂时低下头而已，你需要的是勇敢的信念。

抱怨工作是职场新人的通病，一位老板深谙这一点。每一年公司招了新人，难免有一部分人心浮气躁，不久就跳槽。还有极少的人思想成熟，性格稳重，愿意沉下心学习。更多的人整天抱怨工作，抱怨上司，抱怨自己怀才不遇。

每年年末，公司都有年会，老板会带着职员们做一次旅行。旅行大多是在风景区，老板会将新人带在身边，对他们说："你们经常抱怨自己的工作环境不好，现在我想告诉你们一件事。首先，我要把手里的这块石头扔出去，你们能帮我捡回来吗？"

"那怎么可能,海边这么多石头!"新人们说。

"那么,我如果扔出去一块金子,你们能捡回来吗?"看到新人们沉思的表情,老板说,"这就是我想要告诉你们的事。"

有了挫折和不顺心难免抱怨,重要的是不要失去对自己的信心。如果失去信心,对自己的判断出现偏差,把金子当做石头,那么就算伯乐出现,千里马也会在马群里低着头。挫折就像花朵头上的烈日,看似灼人,其实要不了命,更决定不了你的命运。决定今后结果的是自己的毅力和耐力,能否继续开花,取决于你的决心。

"千辛万苦"这个成语经常被用来形容那些为事业、为理想付出的努力,是个让人尊重的词语。其实,每个人都要历经千辛万苦,从出生到死亡,人们经历过的挫折伤痛都不少。既然如此,为什么不让生命更美一点?同样的千辛万苦,为什么不使它得到更高的回报?

在生活中,痛苦比快乐要多,挫折比顺利要多,没有人能够一帆风顺,那些表面风光的人,背后都有别人想象不到的艰苦努力。每个人都可以暂时与环境妥协,不应该向挫折低头,要相信自己是一块金子,遇到的困难不过是大浪淘沙式的打磨。人生在世挫折难免,不妨告诉自己吃一堑长一智,挺过烈日,花朵依然美丽。

行百里路半九十,梦想毁于半途而废

所谓坚持,就是不太多地去考虑得与失,只是欢喜地去做事情。

一个和尚正在院子里挖水井。他是个没常性的人,东挖一锹,西挖一铲,挖了半天都没有任何收获。师父在旁边看到了,就对他说:"在一个地方挖,不要乱动。"

和尚只好确定一个方位,不停地挖。一连挖了几个钟头,他的双手累得发麻，最终他将铁锹扔掉，对师父说："不挖了！不挖了！这个院子根本挖不出水井！"

"你这个没常性的人！"师父训斥道。然后，师父亲自拿起铁锹，在刚才徒弟挖水井的地方继续挖土。不到几分钟，井水就冒了出来。师父说："像你这样没有毅力的人，做什么能成呢？以后要改改你这个毛病！"

世界上每一个人都渴望成功，渴望自己的付出得到回报，有多少人的努力停在成功的前一刻？成功有时候就像小和尚挖井，确定了某个地方有水源，要做的事只有一件：使劲挖。如果没常性，东挖一个洞西挖一个洞，费时费力不说，最后还是挖不出一滴水。世界上的事大多成于坚持，败于半途而废。

跑马拉松的人最能体会坚持的重要。当出发的口令响起，众人兴致勃勃地奔上跑道。很快，差距拉开，有人因为没体力而退出，有人因为太累了而退出，剩下的人默默地继续跑，他们知道一旦选择开始，就不能轻易放弃，名次并没有那么重要，重要的是证明自己有这份能力和毅力。在漫长的跑道上，能够坚持到底的人都是勇者。

现实并不是马拉松，马拉松有明确的终点，现实没有。也许你要一直跑，一直看不到尽头。这时候失望与疲倦来得更加强烈，你只能不断告诉自己继续跑，不能放弃。一切都是对自己的锻炼，即使最后不能到达希望的地方，也在路途中得到了诸多经验和乐趣，这不就是人生的真意？

在巴黎有一个裁缝，他的手艺不好不坏，他开了一家制衣店度日。年老后，他给自己的孙子讲起自己的经历：

"我像你这么大的时候，是一个喜欢拉小提琴的小少爷。那时候我家里很有钱，送我去一个音乐家那里学习。音乐家很看重我，他想把所有的本领教给我。可是过了几年，我迷上了赛马，整天在跑马场里度过，荒废了学业，还将父母留下的遗产全都花光了。"

"后来，我又开始学习缝纫。师傅说我很有天赋，可是我学到一半，又想当一个雕塑家。于是我去了巴黎的一所学校学习雕塑。到最后我什么也没学成，只能用半吊子的缝纫技巧开了这家小店混日子。因为什么事都做不到最后，我一无所成，希望你们不要重蹈我的覆辙。"

有位哲人说："假如时光可以倒流，世界上将有一半的人可以成为伟人。"故事中的老人学过很多东西，从他学什么会什么的情况来看，他是一个极其聪明、可塑性极强的人，之所以没有成就，责任只能归咎于他自己。半途而废，浪费的是自己的时间和才华。

人们常常思考自己正在做的事，有时会想选择另一条路是不是更好。这件事我们应该全面地分析：选定一条路，发现走不通的时候，可以改变方向；但仅仅是旁边出现看似更好的路就改道，却可能得不偿失。因为旧路已经走了一半，只差坚持，新路一切都是未知，很难预测，还不如老老实实地完成自己的努力，要相信一分耕耘一分收获。随随便便改变最初的决定，就像胡萝卜种了一半改种土豆，不但胡萝卜吃不到，土豆也半生不熟。

行百里路半九十，为什么失败的人总是比成功的人多，平庸的人总是比优秀的人多？就是因为前者选择了放弃，后者选择了坚持。前者得到的是一时的安逸，后者得到的却是一辈子的光荣。要做个优秀的人，首先要懂得做个不放弃的勇者。

人生辛苦，困境重重，谁都有过放弃的念头，谁都想换一种更轻松的生活，但要明白换来的未必轻松，浪费的可能是最好的。想要放弃的时候，不妨想想自己选择的理由。人们的选择有时是现实所迫，更多时候是基于某种愿望，放弃一半的努力，就等于放弃全部的愿望，你甘心吗？不要轻易说结束，鸣锣开场的戏剧，你身在其中，就算不是主角，也要演到最后。

正视自我，他人并非比你优秀

生命的每一项伟大事迹，都是以信心开始的。

森林里正在举行一次演唱会，夜莺和百灵是演唱会上的主角，黄鹂也因它婉转的声音得到评委的青睐。这时，一只猫头鹰上台唱起了歌，那哭丧一样的嗓子让听众们大叫："别唱了！别唱了！听你唱歌简直就是受罪！"

猫头鹰很伤心，它对森林之王哭诉说："同样是鸟，为什么我唱歌就这么难听呢？"

森林之王说："这有什么，你的歌声虽然不好，但在鸟类中，你的视力却是数一数二的。你还有敏捷的动作、锐利的爪子，在黑暗中，很少有鸟类能做你的对手。"

听了森林之王的话，猫头鹰有了信心，它决定发挥自己的特长。它发现自己最适合抓老鼠，于是，它每晚都勤恳地抓田里的老鼠，成了人们赞不绝口的益鸟。

猫头鹰羡慕那些歌喉优美的鸟，并为自己一把倒嗓伤心不已。事实上，比起那些只会唱歌的鸟，猫头鹰不知要能干多少倍。由此可见，一件事的性质常常不是由事实决定，而是由人们的评判标准决定。在松鼠眼里，大象比高山还要巍峨；在大象眼里，松鼠比云彩还要灵巧，倘若它们互相羡慕起来，生活就会被不快占满，不如静下心看看自己的优点。

在生活中，人们常常羡慕那些优秀的人，暗暗幻想自己也有那样的条件。越是羡慕，就越喜欢拿自己和那个人作对比，而且专门拿自己的缺点比人家的优点，拿自己没有的东西去比人家拥有的东西，比来比去，那个人十全十美，自己一无是处。事实上，当你认为自己什么也没有时，幸福已经开始远离你。

更可怕的是,在这种失衡的比较中,羡慕极其容易变为忌妒。忌妒是扭曲人性的魔鬼,它能让人变得狭隘、偏激、阴狠,开始不择手段地得到想要的东西,破坏别人的生活。这种做法损人不利己,只是为了平衡一下自己扭曲的心,更是一种不可取的行为。

有个年轻人正在抱怨自己怀才不遇,他说他总是遇不到伯乐,发挥不了自己的才能,只能过着落魄的生活。

一个老人听到了他的抱怨,就问他说:"你还这么年轻,为什么整天不开心呢?"

"因为这个世界不公平,别人那么富有,我却如此贫穷。"年轻人说。

"贫穷?我认为你很富有。"老人说,"比如,我给你一万元钱,买你一根手指头,你同意吗?"年轻人翻个白眼说:"当然不同意!"

"那么,我是一个很有钱的人,现在愿意和你换一下,你来当一个富有却衰老的人,你愿意吗?"老人问。年轻人连忙说:"当然不愿意!"

"所以,你身上已经有无价的财富,又何必耽误自己呢?"老人说。

年轻人怀才不遇发牢骚,老人提醒他:"年轻才是最大的资本。"可见,当你认为自己一无所有的时候,有些人正拿羡慕的眼神看着你。这个世界上没有人能称自己一无所有,除非是死人。人们之所以会认为自己手里的东西太少,一是因为贪婪,二是因为喜欢和人比较。

在困难面前,人们更容易产生对比心理,他们会想:"假如是×××,一定不像我这么费劲",或者"如果我有××那样的条件,肯定不会这么倒霉"。这些羡慕仍然是一种用来逃避的借口,因为不相信自己的能力,或者对自己的能力不满意,才会对他人的成就念念不忘。退一步讲,难道你有了××的条件,就不会倒霉?难道你有×××的能力,遇到困难就能轻而易举?凡事要看你敢不敢做,能不能做,而不是有没有条件。

想要突破困难首先要正视自我,既要正视优点也要正视缺点。对自大的人来说,要多多留意自己的缺点;对缺乏自信的人来说,要仔细寻找自己的优势。不要总觉得旁人比你优秀，旁人和你一样，甚至在某些方面不如你。他们之所以能突破困境，是因为他们有更坚定的决心和更好的方法，把方法学过来，你也一样能成功。

修禅者承认差距，但他们相信在大的方面，人与人是均衡的。有的时候，人与人的能力的确不尽相同，在同样的事上，有人有天生的优势，有人只能靠后天弥补。这个时候不要死钻牛角尖，感叹自己没有天生的才能，每个人都有天赋，只看你能不能发现。多多尝试，多多行动，总能找到最适合自己的道路，证明自己是个优秀的人。

敢于突破，畏惧是心灵的桎梏

好运永远不会眷顾没有勇气的人。

古代海宁有一座龙王庙，据说庙里的龙王很不好惹，每一年，百姓们都要敬奉丰富的食物，否则龙王就要降下大雨，搅得海宁鸡犬不宁。那时候的海宁并不富庶，想要凑足这些供品很不容易，但百姓们被洪水吓怕了，每一年都要杀猪宰羊。

有个和尚听说了这件事，拿着一把长剑冲进龙王庙，指着龙王的雕塑骂道："你算个什么东西，百姓连饭都吃不饱，你还要作威作福，我今天就来收拾你！"说着用剑捣烂了龙王雕像，又把庙里的东西砸个粉碎。

百姓听说了这件事都大为恐慌，都怕龙王降罪，还有人斥责和尚，让他跪在龙王庙请罪。和尚说："你们不要自己吓唬自己！该种地就去种地，该打鱼就去打鱼！"百姓们惴惴不安，却也没有其他的办法，只好按照和尚的话，照常生活。日子一天天过去，也没见龙王降下滔天洪水。百姓免去供奉的重负，对和尚充满感激之情。

在古代，人们敬神畏神，把风调雨顺、转危为安的希望寄托在莫须有的神灵身上,有时还会自己吓唬自己,怕做了什么神灵就会发怒。故事中的和尚很大胆,他解除了百姓的畏惧心理,让他们明白禁锢他们的并非一个龙王雕塑,而是他们内心深处的恐惧。他们把对水灾的恐惧寄托在龙王身上,以为上了贡就能保证平安,事实证明,这是他们一相情愿的想法。

害怕困难是每个人都会有的心理,面对困难束手无策的时候,我们也会祈求神灵保佑,安慰自己吉人天相,不同的是,我们知道这仅仅是一种自我安慰。我们总认为困难过于强大,以我们的能力远远不够,想靠他人帮助也觉得希望渺茫。我们也不是不知道困难与机遇并存,可是无论如何也不能向前迈上一步,越拖越怕,越怕越拖,于是,畏惧心理产生了。

为什么我们无法克制自己的畏惧心理?难道困难就那么可怕?其实我们害怕的并不是困难,而是失败,还有伴随着失败而来的失去和心理上的失落。我们能够承担过程中的辛苦,却害怕结果是所有辛苦都白费。这种担心并不是没有道理,一分耕耘并不等于一分收获,每个人都有失败的可能,但一个勇敢的人即使想到最坏的结果,依然会继续努力。

神仙决定在森林里选一位百兽之王,让所有动物都听它的吩咐。动物们听说了这件事,全都跃跃欲试,向神仙吹嘘自己的本事。

"你们说得天花乱坠,我也不知道该听谁,该信谁,不如我们安排一个测试,测测你们谁最勇敢。"神仙说。

神仙把动物们带到一个水池边,对动物们说:"这是我刚刚弄出的水池,里边撒满剧毒,你们跳下去后一定要快点划到对岸,不然就会中毒身亡。第一个游过去的,就是百兽之王。"

动物们你看我,我看你,谁都觉得这件事风险太大。不当百兽之王又有什么关系?命才是最重要的。它们不约而同地向后退了又退。

狐狸和狮子一向不和,看到一池毒水,狐狸心生歹意,从背后推了狮子一把。狮子掉进水中,想到横也是死竖也是死,不如放手一搏,于是拼命游向对岸。因为心里没有负担,狮子游得很快。神仙说:"那只是一潭普通的水,这么多的动物,只有你是勇敢者!我宣布你就是今后的百兽之王!"

一件事只有真正去做，才会知道它的底细和它的难易程度。很多事看上去很难，其实很简单，只是有个唬人的外表，迷惑了大多数人罢了。就像故事中的狮子被人推下毒水池，等它游了过去，发现水没毒距离也不长，如果早早知道真相，所有的动物恐怕都会跳下去。困难的本质不就是这样？畏难的人永远比迎难的人多，迎难的人却知道困难没有那么可怕。

人生难免有输赢，有时候我们会发现赢的人不比输的人多什么，他们只是更有胆略，敢做别人不敢去做或者不愿去做的事。输的人并非技不如人，而是在心态上陷入畏惧的泥沼中。遇到难题，一味懊恼自责，不思进取，这样的人注定要品尝失败。

禅心排斥畏惧，人生能不能摆脱苦境，在于能不能突破心灵的桎梏。畏惧不能成就伟人，害怕只会牵绊自己的脚步。只要自身有足够的自信，足够的投入，就应该鼓励自己大胆一点，积极一点。要知道不能面对恐惧，就要一辈子躲着它，这会成为你的最大弱点。不如下定决心早日克服，要相信世上无难事，只怕有心人。

享受过程，将困难变为甘美的回忆

宝剑锋从磨砺出，梅花香自苦寒来。

山里有两块石头，他们享受着清风明月、绿树野草，偶尔还有人在它们身边谈天，说些奇事逸闻。两块石头生活得很惬意。

一天，一块石头说："我们的生活太平淡了，我希望出去旅行，增长见闻，让自己的生命更有意义。"另一块说："别折腾了，放着好好的日子不过，去增长什么见闻。你有多结实？怎么能忍受那些磕磕碰碰的日子呢？何况还有粉身碎骨的危险！"

"可是，我还是想让生命有意义一点。"石头说。第二天，它请求一个牧童将它带下山。

后来，石头历尽磨难，最后掉进一条河。它在河水里颠簸，磨平了所有棱角。有一天，一双手将它捧了起来，它听到有人说："天啊，这是一块多么精美的石头！"

于是它被带走，变成了博物馆里展览的宝物。而它的同伴，迄今也还只是一块普通的山石。

每个人都有贪图安逸的一面，想要日子顺顺当当，事业一帆风顺，人生万事如意。苦难是人人想要回避的，如果可能，谁也不想没苦给自己找点苦来尝。也有一部分人，希望能够锻炼自己，为了锻炼而吃苦，就像故事里的这块石头，被大风大浪打磨得光洁圆润，让人啧啧称赞。想必它在吃苦的时候，心中总是装着日后的甜。

"苦尽甘来"是一个令人向往的成语。困境中的人喜欢拿这个词来安慰自己，他们相信自己不会白白付出，即使没有达到想要的结果，也得到不少经验，积累了不少财富。比起一无所有，这些都是"甘"。人生有高潮就有低谷，苦涩甘甜交织，为了追求甜，必须要经历苦，忍耐苦。只要最后的结果是好的，回头看看那些苦涩的历程，也会觉得佩服自己，心中泛起一丝丝的甜味。

面对困难需要提起勇气，勇气的本质是什么？是抵抗压力的能力。外界的难题带来的焦虑感，无人援手的孤独感，能力不足的惧怕感，前程渺茫的失落感，这一切交织成巨大的压力，沉甸甸地压在心头，让我们喘不过气来。只有勇气能够让我们保持内心的坚强，与焦虑和孤独对抗，让我们不致被困难击倒。甚至有些时候，因为有勇气、有耐心，我们能够把苦难变作一种享受，一种由苦到甜的、生命必经的过程。

一个刚刚开始学小提琴的女孩有个愿望，她想砸烂那把小提琴，因为她完全跟不上老师的讲课节奏。她的老师是个古板的大学教授，每天都要求她练习高难度的曲谱，让女孩完全吃不消。每次去上课，老师都要因为她的错误严厉地批评她，几乎每次都把她骂哭。女孩心理压力太大，再也忍受不住,就跟妈妈说:"妈妈,我不想学小提琴了。"

妈妈问清原因后,不但不同情女儿,反倒对女儿说:"既然开始学,就要学好,按照老师说的去做,不会让你吃亏。"得不到母亲的支持,无奈的女孩只好依旧战战兢兢地去上音乐课,经常被老师骂哭,继续在心里咒骂小提琴和高难度的曲子。

直到有一天,女孩去参加一个音乐比赛,题目都是有难度的名曲,很多参赛选手无法顺利完成,而年幼的女孩的演奏却感动了不少评委。那一刻,女孩才终于明白老师的苦心。

懂得教育的老师明白心理素质的重要和基础的重要,在平日就把有资质的学生放在艰难的境遇中,让他们承受巨大的压力,磨砺坚韧的品性。唯有如此,在重大场合,他们才能够做到不怯场,只要照常发挥,就能优于他人,得到好成绩。

强大的抗压能力是成功的关键。正如一个经常经历磨难的人不会把困难当成一回事,他们的内心早就习惯于与困难作斗争。因为习惯了困难,他们有足够的认真与耐性去观察困难,分析困难,还能在突来的情况下保持理智,对即将到来的危险保持警惕,这些都是抗压能力的体现。因为有了这层心理准备,在任何时候,他们都能够鼓起勇气,打起精神。

修禅的人能用一颗平常心对待一切,他们敢于正视苦难。苦难是人生的财富,唯有苦难才能建立人的抗压能力,让一个人明白何谓勇气。一帆风顺的人大多经不起打击,胜利常常属于那些不屈不挠的人,他们把苦难当做考验,当做教材,他们享受磨砺自己的趣味,以压力为动力。不必害怕困难,只要有足够的勇气,我们一定能用自己的双手排除万难,实现自己的愿望,证明自己的实力,未来永远属于勇敢的人。

睿智的人看得透, 故不争

　　人世百态, 有人追逐名利, 有人沉溺声色, 有人惑于成败, 有人痴于爱恨, 你方唱罢我登场。若能将这名利色阵看透, 不争不斗, 才算得上睿智。

　　禅者睿智, 相信肉眼参详世界, 心灵思考人生。凡事需要看明白, 而不需要争明白, 不必为身外之物费尽心机, 守内心淡泊和善, 才能于不争中尽享人世风光。

参透眼前心中事,淡泊者睿智

睿智者不争,正如最高的树木不会被其他树木遮住,可以尽享阳光。

北宋文豪苏东坡有位叫佛印的好朋友,这佛印是一位高僧,两个人经常聚在一起畅谈佛道。两个人志趣相投,天性幽默,经常互相抬杠取乐。

这一天,二人谈到"相由心生",苏东坡问:"佛印,你看我像什么?"佛印说:"我看你像一尊佛!"苏东坡说:"不过我看你倒像是一堆牛粪!"说着大笑,佛印笑而不语,也不理他,继续与他谈论佛法。

苏东坡自以为占了便宜,回家后把这件事告诉了自己的妹妹——美丽聪明的苏小妹。苏小妹听了之后说:"哥哥,你怎么觉得自己占了便宜?参禅讲究心中有,眼中就有。佛印的眼中,一切都是佛,说明他心中有佛;你呢,看到的是堆牛粪,说你说你心中有什么?"

苏小妹的话一针见血,苏东坡听完,惭愧不已。

修佛之人心中有佛,佛印是个高僧,他不在乎苏东坡的几句揶揄,倒能在三言两语之间点透事情,指出对方的缺憾。这个小故事虽然短,但人物历历在目,哲理深入人心,所以至今流传,为人津津乐道。苏东坡性情中人,不失可爱;苏小妹天资聪颖,一针见血;佛印则修为深厚,淡泊睿智。

世间也有这样三类人,一类是平常人,有各种各样的脾气喜好,喜怒哀乐发于心,由着性子做事;一类是聪明人,他们会收敛自己的锋芒,克制自己的脾气,却能知晓事情的关节所在,为人处世圆润而不失人情,他们想达到的目标,比平常人更容易达到;还有一类是淡泊的人,他们既有智商又有情商,既有平常人的七情六欲,又有聪明人的目光如炬。

淡泊是一种境界,凡事做得精,走得高,到了一定程度,就会不为事物所累，做到淡泊。他们和普通人的最大区别在于：他们能够做到进退得宜，掌握分寸。平常人的伤心是一味地伤心，淡泊者却能够看到事物的另一面，做到哀而不伤；他们和聪明人的区别在于：聪明人的聪明往往对人对事，含有目的，他们却能做到看透人事，保持自己心中清净。聪明到了超脱的境界，就是睿智，淡泊者当得起睿智的评价，他们最大的特点是不与人争。

在我国古代，宰相是一个重要的职位，人们常说国家好不好，靠的不是皇上，而是宰相。皇上只要不太离谱，有个好宰相，依然能国泰民安。皇帝们也都明白这个道理，都想找个最好的宰相帮自己分担国事。

有个皇帝刚刚登基，一朝天子一朝臣，皇帝要选一个新宰相。候选人有两个，一个是前任宰相的副手，另一个是翰林院的大臣，两个人年纪相当，都有优秀的能力和深厚的学识，皇帝为选谁出任宰相大伤脑筋。这位皇帝年少老成，想到一个好办法。他派手下的太监秘密出宫，分别告诉那两个人："根据我的消息，皇上明天就会任命你为宰相！"

听到消息后，两个人的表现截然不同，副宰相兴奋得一夜睡不着觉，一整夜都在想明日如何谢恩。另一位大臣却镇定自若，丝毫没把这个好消息放在心上。皇帝听了手下的汇报后，摇摇头说："国家事务这么多，需要一个有平常心的人来掌管，听到能当宰相就睡不着觉的人，怎么能扛起一个国家的重担？"第二天，皇帝宣布由另一位大臣出任宰相。

皇上选择宰相看重心理能力，他知道一个国家事务繁多，宰相日理万机，大事小情一把抓，如果心理素质不好，今天听到捷报失眠，明天听到噩耗吃不下饭，如何保持理性的判断力？可见皇上想要找的是一个睿智的人，他能够做到手有重权，心中淡泊，不被得失左右，一心一意只做自己的工作，这样的人才能让人放心。

淡泊者有一颗平常心，他们相信是你的终归是你的，不是你的强求也得不来。这并不是一种认命的状态，事实上他们做的准备可能比任何人都要多，具备的素质比任何人都要好，也比任何人都要适合他们想做的事。为什么还能做到罔顾得失？因为他们知道世事无常，有太多因素左右时局,不是一己之力所能更改。强求不是跟别人过不去,而是跟自己过不去。

淡泊者是有佛心的君子,他们的气度让人由衷钦佩。他们睿智,经得起大风大浪,在他们眼中,结局如何不重要,自己有没有得到也不重要,重要的是自己做到了、做好了,他们心中踏实。正因为少了对虚名的追求,他们才能比别人更加认真、更加执著;少了对回报的坚持,他们才能比别人更加超脱,更加快乐。

不要凡事都争个明白

先向别人伸出友善的手,让对方做那个对的人,这并不表示你就错了。

李彤最近升了职,好友们为她摆酒祝贺。席上,李彤的一个同事小张喜欢卖弄,常常说话引得大家笑也不是,说也不是。几杯酒过后,这位同事又说:"李白曾经作诗说:'春风得意马蹄疾',说的就是小彤现在的情况!"

这时,一直看不惯的小李说话了:"这句诗是孟郊做的,你弄错了。还有,下一句是'一日看尽长安花',这不是咒小彤?"酒席上的气氛立刻变得有些凝重,小李借着酒醉,历数小张的不是,搞得大家都没心思庆祝,小张喝到一半就告辞回家。大家都埋怨小李说:"谁不知道小张是那个样子,何必跟他较真?"

很多时候我们喜欢争辩,因为自己是对的,他人是错的,我们争得头头是道,有时候难免咄咄逼人。就像酒席上的小李,一定要和小张争一争诗的作者是谁,但争这个有什么意义?也许小张根本没读过诗,也许他是故意说错引人发笑,如果真为小张考虑,不妨私下告知,既不扫他的面子,又纠正了他的错误,何必搞得大家都不自在。

我们都看过辩论赛,辩论双方引经据典,如果实力相当,会让我们看得痛快淋漓;我们都知道诸葛亮舌战群儒,他的才华和辩才让我们羡慕不已。可是,生活不是辩论赛,没有那么多事需要你唇枪舌剑。《红楼梦》里的林黛玉就是因为口头上从来不饶人,才不得人心。如果伤害到那些无关的人,倒还无关紧要,伤害到关心自己的人,却是得不偿失。

郑板桥说:"难得糊涂。"这个"糊涂"是指为人处世有时不要太较真,凡事不必要辩个明白,争出个是非曲直,最重要的是心里明白。有时候顺水推舟卖个人情,既不损害自己的利益,也不伤害别人的感情,何乐而不为?一味较真,只会让身边的人不敢轻易与你讨论问题,害怕你认真个没完,扫了友好讨论的兴致。

北宋时期,苏东坡和僧人佛印是一对好朋友,二人志趣相投,经常在一起谈论佛道,也常捉弄对方。有一次,苏东坡写了一首诗赞扬自己心性清明,不受外界诱惑。诗曰:

"稽首天中天,毫光照大千。八风吹不动,端坐紫金莲。"

恰好佛印来苏东坡家里玩,苏东坡不在。他看到桌上这首诗,当即在诗后写了两个字:"放屁。"写罢扬长而去。

苏东坡回家后看到这句评语,气得七窍生烟,当即跑到佛印的寺院要找佛印理论。佛印大笑说:"咦,你不是'八风吹不动'吗?怎么一个'屁'就把你吹来了?"

苏东坡听后,这才察觉自己根本没有达到不受外界影响的境界,从此再也不敢吹嘘。

又是一个关于苏东坡和佛印的故事。苏东坡写了一首诗,证明自己活得明白,活得透彻。睿智的佛印两个字就让苏东坡现了原形,什么明白,什么透彻,大家不过都是芸芸俗世的普通人,标榜自己只会显得做作,承认自己糊涂倒不失坦率。

世间的事纷繁错综,有时候你认为自己很明白,其实你看到的仍然可能是假象。有时候硬要追求真相只会让自己身心俱疲。而且,一人眼里一个真相,在夏虫眼里,不会知道冬天是什么,它的寿命也到不了冬天,跟它说了也没用,还会给它增加烦恼。我们有时不妨也做只夏虫,不必对自己根本摸不到的事物伤脑筋,做好自己的事才最重要。

在日常生活中,我们难免遇到纷争,我们修炼内心的禅性,就是为了心底的宁静,在纷争面前做到不动声色。只要看得透纷争的本质,就不必与人争一时的言语长短,就算听了别人几句闲言,也不必放在心上,更无须事事与人争个分明。要记得自己并不是全知全能,你所认定的事实未必符合他人的情况,想到这一点,就能在纷争面前泰然自若。旁人看你糊涂,你却比任何人都明白,这就是睿智者的最高境界——大智若愚。

不要太把自己当回事

常以为别人在注意你,或希望别人注意你的人,会生活得比较烦恼。

英国首相丘吉尔是二战时的英雄,他与斯大林、罗斯福并称为"二战三巨头"。在生活中,丘吉尔是个低调而谦虚的人,他常对人说:"不要太把自己当一回事的。"

丘吉尔的这种见解来自他的一段亲身经历。二战时候丘吉尔发表演说,鼓舞英国人民的抗争信心,每一天,他都要赶往电台。一次,他的车子坏了,只能打一辆出租车,司机却说:"对不起,我不能载您,我要回家听丘吉尔的演说。"

丘吉尔很自豪,但电台还是要按时去,他说:"请您务必载我去电台,我愿意付50英镑!"司机兴奋地说:"马上上车吧先生,我会以最快的速度将你送过去!"

"可是,你不是还要听丘吉尔的演说?"丘吉尔问。

"让那个演说见鬼去吧,现在只有您是最重要的!"司机回答。

人性有虚荣的一面,会为自己的成绩沾沾自喜,为自己的地位扬扬自得,当发现有人尊敬自己,即使表面上不表现出来,心里也会暗暗高兴。这一点, 平常人与伟人并没有什么不同。在这个故事中, 丘吉尔为自己的声名得意, 但不到一分钟, 就明白自己还不如 50 英镑。丘吉尔无须伤怀, 因为比起他人, 所有人都更重视自己的生活。

人们渴望得到他人的关注, 因为渴望, 才发愤努力让自己更加优秀, 甚至在该休息的时候仍然勉强自己, 在不情愿的时候还要强迫自己, 用这种方式换来别人的称赞。但是, 别人的称赞究竟有什么用?或者, 别人的称赞究竟是发自内心的, 还是随口敷衍的?我们并不能说清楚。说到底, 虚荣的人渴望的是虚荣, 得到的大多是虚假, 他们最容易把自己当一回事, 而在别人眼中, 他们不过尔尔, 没有特别的意义。

何况, 人外有人天外有天, 比起真正的高人, 你还有很多需要改进的地方, 如果为一点成绩就扬扬得意, 就是缩小了自己进步的空间。一个人不能没有远见, 要明白自己的斤两, 才不会惹人笑话。否则不断炫耀自己, 就只能停留在某一个层次, 看到的只有这个层次, 眼界无法继续开拓, 这是一个人最大的损失。

王先生曾在一家大公司当总经理, 可谓风光一时, 众人都很巴结他。后来因为工作失误, 他被撤销了职务, 去当浙江大区的副理, 相当于连降三级。王先生自觉脸上无光, 很怕别人问起这件事, 说起自己的工作总是闪烁其词。

一日, 王先生在大街上遇到一位朋友, 朋友说:"听说你不做总经理了?那调到哪里去了?"王先生说:"调到浙江去了, 有空你过来玩。"两个人分开后, 王先生总怕朋友在背后笑话他, 惴惴不安了好几天。

没多久, 王先生又碰到了那位朋友, 朋友又说:"听说你不做总经理了?现在是什么职位?"王先生有点恼怒, 认为朋友是在故意给自己难堪, 只好说:"我调到浙江, 现在是副理。"朋友一拍脑袋说:"哎呀, 你说过, 我竟然忘了, 对不起。"

王先生这才明白, 自己在乎的事, 别人根本不当回事;自己的风光, 别人其实并不看重。各人有各人的生活, 在别人那里, 自己并没有那么重要。

被降职是一件丢脸的事, 王先生深以为耻。可在别人眼中, 升降最多是茶余饭后的一项谈资，听过便忘，除了别有用心的人，谁会记在心里？而那些别有用心的人大多对自己心怀敌意，为什么要被他们左右自己的情绪？看到朋友的"遗忘"，王先生终于明白自己没那么重要，不论什么事都是自己的，只要想通，都可以释怀。

如果我们愿意放下自我过度欣赏，就能发现你在意的事，别人并不放在心上，你的成功与失败，和别人的生活没有多大关系。没有那么多人等着看你出丑，也没有多少人在乎你是否受人瞩目，你放在心上的所谓"成绩"、"名气"，可以用来鼓励自己，让亲友欣慰，如果以为无关的人也能时时刻刻记在心上，那就是一种自恋。

自恋与自重不同，他们都看重自己，但自重的人在心底认可自己，希望得到别人的尊重；自恋的人却认定别人都得承认自己，看重自己。这种自恋放在心里还好，一旦别人知道，只会哭笑不得，尖刻的人也许还会问上一句："你以为自己是谁啊？"

睿智的人一向警惕自我膨胀，保持谦虚低调，他们不会因为成绩就把自己看得多么了不起，因为他们的眼光始终在更高的地方，他们想的永远是自己做得不够的地方。所以，他们能够更好地远离虚荣的烦恼。他们知道，在心里要认同自己，但不要太把自己的名气与成绩当一回事，只有这样才能不断进步，让别人真正把你当一回事。

诉苦不如辛苦，求人不如求己

求于人，就是欠了一份人情；求于己，就是多了一个机会。

一日，信徒们去山间拜观音，宝殿里坐着一位正在念佛的得道高僧。

信徒们素闻这位高僧的大名，一起向他请教佛法，高僧有问必答。这时一位信徒仰着头说："有一事我一直不解，我拜过很多佛，为什么佛手里也拿着念珠?我们拿念珠是为了求佛，那么佛手里拿着念珠是在求谁?"

高僧说:"佛在求他自己。"

"求自己?"信徒们惊讶地问。

"没错，所以人们常常说，求人不如求己。"高僧合十回答。

信徒不解佛为何要拿念珠，高僧说佛也要求他自己。有了困难希望他人指点迷津并不奇怪，但如果事事需要他人来办，自己既没有主意也没有行动力，这样的生活难免外人看着摇头，自己也不会舒坦。而且禅师认为，信仰没有功利性，信仰只是心灵上的指导，在现实生活中，不要求谁为你做什么，不论那是一个人，还是一尊佛像。

何况，把自己的事推给他人，是一种不负责任，如果自己的事不能自己解决，只能依靠他人或者外力，那自身的价值如何体现?如果下次再有同样的事，你仍然不知道如何解决，只能继续求人拜佛，那么你一生都只能在祈求他人施舍中度过，无法真正独立。

我们从小就被教育:"自己的事情自己做"，其实我们幼时得到的教育都是祖辈历经几千年沉淀下来的智慧，浅显易懂。当你真正思考它，才会发现那些简单的话才是真正的真理，胜过他人喋喋不休的教诲。任何时候都要靠自己的思考和力量完成为难的事，这是能力，也是智慧。睿智的人并非对人性绝望，而是更能体谅他人，对自己也有更严格的要求。

秋天到了，两只猴子正在为过冬的粮食烦恼，它们的运气很好，前方出现一袋玉米——也许是从运货的卡车上掉下来的。

平分了一袋玉米，两只猴子得到了过冬的粮食。一只猴子将玉米拖回山洞，剥了一半作为冬天的食物，另一半留下来，准备春天到来时播种。

又一年的秋天到了，种下玉米的猴子已经收获了一整年的粮食，它高兴地四处跳跃。这时，它看到自己的朋友——那只拿了另半袋玉米的猴子，那只猴子愁眉苦脸，正在为过冬的粮食烦恼。猴子惊讶地说:"去年，我们不是捡到了一袋玉米?"

"是啊，靠着那半袋玉米，我过了一个舒服的冬天。这个冬天不知该怎么过,我希望自己还能捡到一袋玉米。"那只猴子说。

在灾难即将到来的时候,没有谁能帮助自己,大家自顾不暇,等待的人只有死路一条,这个时候唯有运用智慧,自己拯救自己。故事中的两只猴子就像正反教材,一个自食其力,一个听天由命,听天由命的人也许会得到一时的好运或者一时的救济,但自食其力的人拥有的却是一世的财富。一时和一世的区别,相信每个人都能分辨。

人不能靠他人生活,靠他人生活的人本质上是乞丐,有些乞丐在街边向陌生人乞讨,有些乞丐在家中向父母乞讨,有些则在社会上向周围的人乞讨。说穿了,多数乞丐不是没有能力,而是懒惰,不愿意自己动手,有一种"懒汉思维",有了愿望也希望由别人帮自己实现,自己只要坐享其成就行。在小事上,懒汉们也许能得过且过,一旦出了大事,旁人无法帮助他们,他们就会大惊失色,不知如何是好。

人要当自己的救世主,的确有人愿意帮助你,那是人与人之间的情谊,应该感激。但要记住别人帮你并不是义务,今天他有能力和心意帮你,明天可能就没有这份能力和心意。能够自己完成的事一定要自己完成,才能真正培养自己的实力。就像小时候我们做作业,平日总是让别人帮自己做的人,到了考场就会露馅,还不如自己老老实实学习。自助者天助,求人不如求己,相信这句话的既是强者,也是智者。

一切胜利都是短暂的

神龟虽寿,犹有竟时;腾蛇乘雾,终为土灰。

三位禅师正在谈论如何悟道,其中一个说:"我们悟道不过是为了知晓世事无常,你们还记得究竟在什么时候,无比深切地感受到这一点吗?"

一位禅师说:"我在小时候就感受到了这一点。有一次我坐在葡萄园里,看到葡萄藤上悬挂着串串葡萄,饱满可爱。没想到不到一个时辰,就有人前来摘取,葡萄园立刻变成一片狼藉,我这才发现美丽是短暂的。"

另一位禅师说:"我在年轻的时候领悟了这个道理。有一天我独自坐在池边,看到荷花开得正好。这时几条船行了过来,有人跳进池中嬉戏,不一会儿荷花池就被糟蹋得不成样子。"

第一位禅师说:"我直到老年才明白这个道理。我曾经是这个国家最有名的将军,有一次在战场杀敌,我中箭落入河中,幸好漂到一个岛上为人所救,半年后我才能起身回国。皇帝和百姓都以为我死了,给我立了一座墓碑,我才发现功名不过是一座墓碑。"

人并非出生就有极高的领悟能力,即使是修行中的禅师,也未必具有参透世事的禅性。想要"参透",历练固然必不可少,很多时候,感悟悄然而至,一件普通的事,一个普通的场景,可能让人想清楚一直想不通的事。三位禅师的经历便是如此。什么样的事能让鼓噪的心灵在顷刻间归于平静?恐怕要数亲眼看到曾经显赫美丽的事物到了末路。

一切美丽都是短暂的,一切胜利都是短暂的。果实转眼就被摘取,花朵不过一个季节就会尽数凋残,叱咤风云最后的结局也不过是一座墓碑,这种强烈的对比最能震撼心灵,看得多了,就会反思人们究竟在争夺什么?果实想要结得最大,结果最先被人摘取;花朵想要开得最美,却第一个失去生命;生前争得你死我活,死后不过是墓地里两块并排的方碑。

想得更深入一点,就会发现世界上的事,不论你费了多少心思力气,得到后多么欢快喜悦,也只能暂时拥有。因为一切都是短暂的,不论你得意还是失落,得到还是失去。智者为什么总是追寻超脱?因为有一双看透世事的眼睛,让自己学得会不去计较,才能更好地享受来之不易的生命,让短暂的生命不致在无用的情绪中被消磨浪费。

古时候,有一个铁罐子和一个陶罐子,铁罐子里放着干果,而陶罐子里放着鲜果酿出的美酒。陶罐子扬扬得意地说:"你看,我是多么美丽,我有五彩的外观,又装了上好的酒,我是世界上最尊贵的罐子!"

铁罐子很不服气，它讥笑道："你有什么了不起，如果有人不小心碰你一下，你立刻就会变成碎片。而我，不论怎样磕碰，即使发生地震，我也安然无恙！"

陶罐子和铁罐子争执不休，后来他们分别被送给他人，从此再也看不到彼此。没过几年，陶罐子被人不小心打碎，碎片扔到了一条河里，它想起铁罐子说的话，不由感叹："看来铁罐子说得没错，我的美丽多么不堪一击。"又过了不知多少年，陶罐子的碎片被考古学家捡到，放进了博物馆。令陶罐子惊讶的是，它的旁边正放着当年的铁罐子，只是，铁罐子早已锈迹斑斑。两个罐子感慨万千，铁罐子说："分开以后，我被放在一个地下室，没过多久就生满铁锈，被主人扔掉，最近才被人挖出来。我以为你一定在哪个王宫里！"

陶罐子说："我的遭遇和你一样，好不容易才能在这里歇下来。今天我才明白，一切美丽和坚固都是暂时的，我们以前真不应该争吵。"

故事中的陶罐、铁罐曾经看彼此不顺眼，挖空心思想证明自己比对方优秀。等遇到厄运，又羡慕起对方，承认自己还不如对方。直到它们垂垂老矣，才聚在一起客观地看待自己和对方，亲切而平和地话话家常。如果它们早就知晓世事无常，它们会有更多相知相伴的回忆。

如何做到睿智与淡泊？答案是多看多想，看一看那些曾经美丽的如今变成什么样。古人说："眼见他起高楼，眼见他楼塌了。"就是知晓了任何事物都无法长久存在，懂得事物的结果，自然也就少了与人摩擦争执的心理，或者更愿意让人一步。

需要知道的是，看透事物并不代表对事物绝望，而是因为我们看透了一切的结果，才可以做到不去计较过程中的得失。但生命只有一次，很多体验也只有一次，如果不能做到全心全意，就是最大的损失。淡泊的人明白一切都是暂时的，但淡泊不是虚无，而是珍惜。

憎恨别人是自己的损失

原谅别人，就是给自己心中留下空间，以便回旋。

　　森林里的狗熊爱吃蜂蜜，经常趁小蜜蜂不在家时吃光它们好不容易采集的蜂蜜。这样的事发生几次后，小蜜蜂们非常气愤，决定报复狗熊。

　　一只老蜜蜂说："孩子们，不要随便憎恨别人，更不要随便报复，否则只会两败俱伤。"小蜜蜂们正在气头上，哪里肯听老蜜蜂的话。它们成群结队地闯进狗熊的家，用身上的毒刺刺狗熊，狗熊被蜇得半死，小蜜蜂们终于报了一箭之仇。

　　可是，蜜蜂一旦蜇了别的生物，就会死亡，刚刚报了仇的蜜蜂们很快都死掉了。老蜜蜂叹息道："早就跟你们说过，与其仇恨不如宽容，解决事情的方法那么多，你们为什么偏要选择最坏的一种方法？"

　　蜜蜂成群结队去向狗熊报仇，出了一口恶气，却也断送了自己的性命。憎恨是一把双刃剑，有时伤敌一千自损八百，有时两败俱伤，还有更倒霉的时候，你损害不到敌人，只伤到自己。正如老蜜蜂说的那样，憎恨恐怕是解决事情最坏的一种方法。

　　憎恨来源于争执，来源于不可调和的摩擦，但我们要明白在生活中，谁都会做出损害他人利益的事，我们自己也不例外。他人可能是有意的、可能是无意的，但事情已经发生，损失已经造成，我们能够做的是想办法让损失变小，伤害变小，而不是搞得它越来越复杂，越来越没完没了。

　　一个人如果心怀仇恨，他的视野就会变得狭小，他每天唯一想到的事就是报仇，不会再有任何欢乐。而报复这个行为是接连不断的，你报复了别人，别人就可能报复你，所以人们常说冤冤相报何时了，就是奉劝世人应该及时化解怨恨。有误会，就要及时消除；有不满，也要及时指出。就算真的吃了亏,也要看看对方的情况,考虑共存的可能,而不是一下子就把对方视为仇敌,不打倒对方誓不罢休。

宋朝时,有一个叫吕端的官员,他才华出众,在年轻的时候就被任命为副宰相,这项任命引起满朝哗然。朝臣们都说:"这么年轻能有什么才干,恐怕是靠拍马屁才当上副宰相吧!"有时候吕端走在前面,后面就有人说这种话,吕端从不回头看一眼。

几个好友为吕端抱不平,想要告诉吕端谁在造谣生事。可是吕端却劝他们不必如此,他说:"我年纪轻,到这个职位难免有人说闲话,这也是人之常情。如果我不知道是谁说的,就能保持一颗平常心;知道的话,不但自己心里乱,看到他也难免会怨怒。这样看来,还是不知道的好。"朋友们都赞叹:"这真是'宰相肚里能撑船'!"

这件事很快传到朝廷上,人们都为吕端的心胸折服,从此再也不嘲讽他。

吕端对待仇恨有自己的一套办法,他并不想知道谁在议论自己,就是不想心中萌发仇恨的种子。面对矛盾,他选择了宽容,这种选择不但避免了自己的烦恼,还换来了他人的尊重。由此可见,对待仇恨的最好办法就是宽容。

一个人想要得到什么样的对待,就要先用这样的态度去对待别人,这是人与人之间交往的基础,在对待仇恨上也是如此。当我们不小心冒犯了别人,我们希望得到他人的宽容,而不是记恨;当我们有时不得不损害他人的利益,我们希望得到他人的理解和原谅,在内心里,我们会想要在其他方面给予补偿。其实,那些冒犯过你、伤害过你的人也和你有一样的心。面对争执,如果你选择的不是憎恨,就会发现他人更愿意与你友好相处。

睿智的人懂得宽容,他们明白宽容的最终受益者是自己,以开阔的心态对待他人,一定能换来同样的对待。憎恨只会换来憎恨,只有宽容才能得到宽容,当你选择一种对待仇恨的态度时,不要忘记你是在选择一种生活:多一位朋友还是多一个敌人?这选择并不困难。

心中有善，就不易生恶

仁慈是最有力量的武器。

一只蜘蛛走过地狱火海，突然听到一个人对自己说："救救我吧，小蜘蛛。"蜘蛛回头一看，只见一个男人正在地狱之火中忍受煎熬，十分痛苦。再仔细一看，原来这男人生前对自己有恩，他曾经在发大水时将自己放在无水的箱子里，使自己度过一劫。

小蜘蛛知恩图报，就将蜘蛛丝伸进火中，想要把那个人拉出来。那人欣喜地抓住蛛丝，没想到，烈火中其他人看到这条蛛丝，也来拉扯，他们都想要摆脱火狱。

"千万别放开。"小蜘蛛对那人说，用力拉着蛛丝。那人看拉住蛛丝的人越来越多，心里着急，唯恐他人抢了自己求生的机会，干脆用力一拉，将蛛丝拉断。这样一来，别人固然再也拉不到蛛丝，他自己也失去了脱离火海的机会。

人们有时很难控制对他人产生恶念，因为忌妒，因为不甘，因为竞争，希望他人倒霉，自己受益。在这个故事中，地狱中受苦的人就因为对他人的恶念，导致了自己失去脱离苦海的机会。由此可见，心中有恶念的人，伤害的不仅仅是别人，自己也会被这恶念伤害。

善与恶不同，当一个人选择善良，也许他会因此遭受欺骗和损失，但他的内心是坦荡的，他所做的事帮助了他人也帮助了自己，任何时候，他都不会被悔恨与惊慌折磨。因为他们对人对事常存善心，便不会心怀鬼胎，终日与人钩心斗角，害怕别人暗算自己。心怀恶念的人没有安全感，而心怀善念的人每一天都很踏实。

善良是什么？善良就是遇事的时候不要只想着自己，一定要想想他人的感受、他人的利益，在可能的范围内照顾到他人，即使那会损害到自己，也不要斤斤计较。而且，当看到他人有困难，不要袖手旁观，要保证自己有同情心和人情味。

佛说好人有好报。一颗善良的心，必然能得到善良的回报。将心比心，谁不希望自己在困难中得到帮助？谁不希望自己在悲伤中得到安慰？如果你平日以温和亲切的态度和人交往，在他们有困难的时候尽可能地提供帮助，那么他们又怎会在你有难的时候视而不见？由此可见，善待他人就是善待自己。

有位女记者经常去穷乡僻壤跑新闻。工作之余，她拍了很多照片，这些照片拍的是贫困孩子的生活状态，有孩子们用的课本，孩子们吃的饭食，还有孩子们渴望知识的眼睛。女记者将这些照片贴在自己的博客里，准备条件成熟后，为这些孩子联系资助人。

没想到，博客点击率出奇地高。女记者很诧异，报社的一位长辈告诉她："这件事并不奇怪，现代社会人情冷漠，人们需要一些刺激，来维持心中的善良。这些弱小的孩子能够使他们保持同情心。人一旦有了同情心，就会更珍惜生活，也更懂得生活。最重要的是，让心中怀有善念，就能够抑制恶念，这是现代人需要的。"女记者恍然大悟。

现代人心态浮躁，在竞争日益激烈的情况下，更容易产生恶念。这个时候，就需要培养自己的同情心，保持自己对他人的信任、对生活的热爱、对世界的热情。而且，这个社会需要同情心，人们只有互相关怀，才能共同进步。

善恶最能体现一个人的人格，一个人仅凭自己的成就在社会能够立足，但他所得到的仅仅是一己之利。如果他能够用自己的所得帮助更多的人，他将以善行吸引别人，这种人格上的吸引力更为持久。即使有一天这个人去世，他也会被更多的人怀念。相反，有些恶人虽然得到了一时的显赫，但人们会记得他的恶行，世代唾弃他，遗臭万年比流芳百世更加容易。

孟子说："勿以善小而不为，勿以恶小而为之。"多做一件好事，不会浪费你多少气力，却能让你收获长时间的好心情。而做一件坏事，也许也不会花费多少气力，却会让别人在很长时间没有好心情。两相比较，为恶不如为善。人的一生做一件好事容易，一直做好事却很难，但我们仍要把善良作为对自己的基本要求，因为善良的人不会愧对他人，不会常常内疚，在任何时候都能够抬头挺胸，坦坦荡荡。

夫惟不争，故天下莫能与之争

非淡泊无以明志，非宁静无以致远。

三国时期，枭雄曹操占据中原，他很注意培养自己的接班人。当时，太子是曹操的二儿子曹丕，曹操却更喜欢文采过人、名动天下的曹植。曹丕很慌张，害怕父亲换掉自己，曹丕的谋士给他出主意说："您不要慌张，也不要和曹植竞争，只要做好您自己的事，显示出您的品德和气量就可以。"曹丕依言而行。

一次曹操即将出征，曹植抓紧机会朗诵自己歌颂父亲的文章，曹操听了很欢喜。再看曹丕，突然流下眼泪，跪在地上说："父王年事已高，还要亲自出征，作为儿子的我真是担心。"满朝大臣都为曹丕的孝顺而感动。大家都夸曹丕恪守太子本分，不炫耀不争名，是最佳的太子人选。曹操再三权衡，也认为曹丕的心胸更适合做一国之君。最后，曹丕坐稳了太子的位子，并在曹操死后当了魏国皇帝。

三国时，曹丕与曹植争夺太子之位，这个故事常常被人们说起。人们说到的不仅仅是曹丕后来对曹植的迫害，还有开始的时候曹丕妥善的应对策略；也不仅仅是对曹植的同情和惋惜，还有从曹植的故事里吸取的教训。从曹植的角度来看，他有才华，深受曹操的喜爱，有一批拥护自己的大臣。倘若他能收敛锋芒，一门心思恪守儿子的本分，多多立下功劳，而不是锋芒毕露,就不会让曹操否定他,还惹怒哥哥,导致他即位后的报复行动。

争与不争的确是个难题,很多时候,不争的人就是大争,往往是最后的胜利者。不争的人能把精力集中在事业本身,而不是细枝末节。他们全神贯注地想着自己如何能做得更好,而不是如何达到目的。可以说,不争之人少了一些功利,多了一些淳厚,最后水到渠成。

做事的时候,睿智的人想到的不是与别人争,而是从自己的角度,审视自己是否可以做好。何必管他人如何?他要争自去争,最后的胜利属于那个做得更好的人。任何时候,做事的比说事的人收获更多,有人机关算尽,就有人坐享其成。

在一座过街天桥下,有一位拉二胡的老人,他每天坐在天桥下拉着二胡,过往的人都会被那美好的音乐吸引,听完一段再继续赶路。这位老人并不是卖艺的,他只是喜欢音乐,想要找个地方和人分享自己的心情。

经常有人来天桥下找老人求教。有一次,天桥上的小摊贩好奇,拉住一个求教者问:"这个老头到底是谁,为什么这么多人来找他学习?"那人说:"他可不简单,以前是国家级的表演艺术家,放眼全国,有他这种造诣的人没几个!"

"这样的人,怎么会坐在天桥下?"小摊贩惊讶地问。

"这就是我们最佩服他的地方,对他来说,不论在天桥下也好,在外国总统面前也好,他都是一个样子。这才是真正的大师风范!"

淡泊的人具有真正的胜利者的风度。只有有足够底气的人才能如故事中的老人那样,坐在任何一个演出场所,面对任何一位观众,面不改色,一视同仁。他的眼里只有艺术,他愿意真诚地与听到的人进行交流,也只有这样的人,能传达艺术的真谛,感动每一个听众。大师风范不是官方授予,而是口耳相传,见到的人为之折服,钦佩不已。

淡泊的人身上有怡然自得的生活感,他们看上去从不与人争竞,也不会和人发生冲突和口角,他们并非没有自己的脾气,却认为很多事根本不值得一争,自己的心情才是最重要的。他们用更多的时间完善自我,做自己想做的事，享受过程中的快乐，这种态度常常令旁人感叹不已，认为这是一种境界，常人不可能达到。

淡泊者接近佛境，看似高深，其实是每个人都能达到的。只要有足够的智慧看穿得失，少一些贪婪，不要处处与人争执，一心一意地做自己该做的事，不强求结果，就是一种淡泊。人生短暂，难得的是平和的心境与幸福的心情。做一个睿智而淡泊的人，才能享受更多世间风景，如佛祖拈花而笑，坐看细水长流，花开花落。

第 8 课

豁达的人想得开,故不求

俗事扰扰,人心欲求太多,故为人处世斤斤计较,行止起居常怀担忧,难得安稳与开心。人生还长,路程尚远,你需要一份豁达的心胸,才能放下大千世界。

禅者不强求,他们看开造化,讲求缘法,不挽留逝去的事物,也不期盼分外的收获,更不计较人世的纠葛,万事顺其自然,得意失意都能安泰。

万物法自然，豁达者不强求

若能一切随他去，便是世间自在人。

有一位很有名望的禅师住在远离闹市的寺院里，很多人慕名前来拜访，想要聆听他充满智慧的言语。其中不乏当朝的权贵人物。一日，几个大臣相约拜见禅师，一行人在山中泉水旁谈天，有个大臣向禅师请教万事万物的道理。

当时正是初秋，山里的树木半黄不黄，禅师指着一棵树问："你们说，这树是枯萎的好，还是繁茂的好？"

"当然是繁茂的好！"有人说。禅师却说："繁茂的东西免不了枯萎。"

"我觉得枯萎的好。"又有人说。禅师说："枯萎的也会成为过去。"

"到底什么才是最好的？请大师指点。"几位大臣同时作揖。禅师说："繁茂的就让它繁茂，枯萎的就随它枯萎，这就是最好的。"

繁华也好，枯萎也罢，大自然的一切遵循四季规律，对于树木来说，春天抽枝，夏天繁茂，秋日结果落叶，冬日休养生息以待来年，这种轮回型的一生一息是最合理、最自然，也是最好的生存方式。如果放进暖棚春冬不息地茂密着，恐怕树木也觉得疲惫，观者也觉得太过刻意。唯有自然的，才是最好的。

人生也是如此。人的悲欢离合就像月的阴晴圆缺，非人力所能改变。生老病死伴随着一个人的生命，所有人都会为它们苦恼，所有人都逃不开它们的束缚，这就是生命的本质。一个懂得自然的人，幼时嬉戏，壮时立业，老来颐养天年，就是生命的最佳状态。唯有这种自然，才能让身心达到和谐，领略每个年龄段的乐趣，这样的生命才能称为享受。

　　与人相处也应自然,人与人之间有冥冥中的缘分,否则如何解释茫茫人海你遇到的是这一个、这一些?当缘分来了,千山万水也躲不掉;缘分去了,一街之隔也会老死不相往来。在拥有的时候珍惜,在远去的时候珍重,领会这种自然,不强求改变,就是豁达。豁达的人不强求,他们知道万物的缘起,也知道生命的归宿,比起无尽的宇宙,人的存在太过渺小,如沧海一粟。世界上的一切都应顺其自然,每个人也要效法自然,这就是禅心。

　　山里有一户贫苦人家。这一天,母亲给儿子一个碗,吩咐他去山那边的集市买一碗油。儿子装了满满一碗,小心翼翼地往家里端,可惜他越是小心,越是容易出错。在村口,他被脚下的石头绊了一跤,不但油洒了,碗也摔碎了。

　　孩子被母亲骂了一顿,母亲又给他一个碗说:"再去打一碗,这一次别再打碎了!"孩子刚要走,母亲又说:"打半碗就行,回来的时候不用太小心,该玩就玩,该说话就说话。"

　　孩子按照母亲的吩咐打了半碗油。回来的时候,他像往常一样左看看右看看,没有留意手中的碗。这一次,他平平安安回到家。母亲说:"越是过分在意,越容易出错,保持平常状态,才是最好的状态。"

　　一碗油洒了出去,就算再可惜、再抱怨也不能让它回来,与其白白生气,不如下次更加小心,用更好的方法;凡事太过小心翼翼,难免因为太过精细产生疏漏,只有保持最平常的状态,错误才能最少。所以要保持一份轻松平和的心态,这就是顺其自然。

　　为人处世也应顺其自然。一时有了不如意,不必垂头丧气,因为人生都有低谷,耐得住就能走到高潮;一时遭人怨恨,也不必非要解释,日久见人心,他总会知道你的真诚。有些人的一生都在追求不属于自己的东西,直到老死才明白什么也不属于自己,能够掌握的只有生命本身。可那些与年龄、感情、兴趣有关的欢乐早就被他抛弃,再想追回已是无能为力,徒留感叹和悔恨,倒不如一开始就知道什么最重要,在该珍惜的时候珍惜,好过日后后悔。

命里有时终须有,命里无时莫强求。自然的法则残酷却真实,你愿意接受它,它不会亏待你,你总是违逆它,是在为难自己。人如果能够顺其自然地生活,就不会在意那些终将成为过眼烟云的东西;若是想得开,看得透,就会知道与人争斗只会白白惹来烦恼。豁达的人不会为虚名所累,他们总能在纷扰的世事中享受属于自己的那一份感悟,自得其乐。

得与失无法分离,切莫患得患失

并非你期盼就会得到;并非你害怕就会失去。

有一天,楚王外出打猎,在打猎回来的路上他不慎丢失了自己的弓。这柄弓十分珍贵,有大臣马上派人去找。楚王听了却说:"不必去找,我们回宫吧。"

"可是,那是一张珍贵的弓。"大臣提醒。

"那又怎么样?弓丢了,总会有人捡到,无论捡到的人是谁,不都是我们楚国人?这张弓仍然是楚国的财富,何必再浪费气力去寻找?"

孔子听到这件事后说:"楚王的心还是不够大,为什么讲到丢掉的弓会被人拾到,还要计较是不是楚国人呢?"

失去了弓不去找回,认为捡到的人都是楚人,弓仍旧是楚国的财产。故事中的楚王可算是一位豁达之人。而孔子的理论则更进一步,他认为楚王还是太小家子气,明明已经决定不再找那张弓,却还是在乎捡到的人是不是楚国人。比起斤斤计较的人,楚王大度,但在真正豁达的人眼中,楚王仍然患得患失。

患得患失形容一个人对得失看得太重,不是担心得不到,就是担心失去手中的东西。患得患失的人没有一份稳定的心理,他们的意念始终在得失之间不断摇摆,没有片刻安静。患得患失的人也很难真正开心,当他没

142

有拥有什么的时候，他整天被欲念缠扰，总是想得到；等他真正得到了，他又开始担心到手的东西被人抢走，寸步不离地看管。不论失去还是得到，他们都没有安全感，所以他们的生活非常疲惫。

像孔子一样认为丢了东西是被人捡到，根本不需可惜的人，是圣人。圣人的境界我们很难达到，但我们可以做一个豁达的人。豁达的人并不是没有喜怒哀乐，得到的时候，他们也会得意；失去的时候，他们也会难过。不同的是，得不到的时候他们不会觉得生不如死，失去的时候他们也不会从此一蹶不振。他们不会让负面思维长久地陪伴自己，这就是看得开。

20 世纪，美国的阿波罗号实现了人类第一次登月。当时，阿波罗号上有两位宇航员，一位是阿姆斯特朗，一位是奥德伦。阿姆斯特朗首先登上了月球，他那句"我的一小步，人类的一大步"成为世界名言，与他的名字一起载入史册。

曾有记者问奥德伦："如果您当时第一个走下阿波罗号，就会成为登上月球的第一人，您有没有觉得遗憾？"

奥德伦却很达观地说："有什么遗憾？要知道，从月球回来，是我第一个走下太空舱，我是从外星球回到地球的第一人！"

阿姆斯特朗的名字早已与阿波罗号一起为我们所熟知，谁又记得同在一条飞船上的奥德伦？而奥德伦却早已看开了这件事：被人众口传诵是一种荣誉，参与了人类第一次登月也是一种荣誉，既然做到了这件事，何必在乎别人有没有记住？可见奥德伦是一个豁达的人。

豁达的人懂得开导自己，就像故事中的奥德伦以幽默回答记者，他们知道自己痛苦没有用，不如让自己达观一点，开心一点。得到与失去不能分离，当你得到的时候，愿望就已经达成，这不是很好吗？当你失去了什么，拥有就不再是拥有，不妨告诉自己那已经不是自己的东西，你失去了，也在这失去中得到了怀念的感觉。

修禅之人要学会豁达，因为人生漫长，我们需要经历太多的得到与失去。如果凡事都患得患失，我们的一生也会在得与失中摇摆，忘记了生命的意义是向前走,或者走得太过崎岖,歪歪斜斜。做一个豁达的人,得到的时候告诉自己一切都会过去,就不会沉湎其中,迷失心智;失去的时候庆幸自己曾经得到,就不会忧伤度日,耽误今后的生活。

想做大事,先要有做大事的胸襟

思想有多远,人才可能走多远。

在英国的一所著名大学,一位哲学老师正在进行一个测验,他将一张张白纸放在每个学生的书桌上,问他们看到了什么。

有些人说:"老师,我看到的是一张白纸。"

有些人说:"老师,白纸上什么也没有,我什么也看不到。"

极少数人说:"老师,我看不到尽头。"哲学家说:"我欣赏你们,你们的思维没有边界,目光不只盯着一张纸,还能超越事物本身,想到别的可能。你们的眼界更高、心胸更宽,这样的人,更容易成功。"

一张白纸,有人看到的是白纸本身,有人看到的是空白,有人看到了无限种可能。第一种人活得现实,一是一,二是二,他们循规蹈矩,做着应该做的事,不会有任何出格的举动,他们的生命安稳,却也平淡;第二种人活得无力,他们认为既然一切都会过去,努力没有必要,活一天算一天,他们的生命轻松,却也空虚;第三种人活得有热情,他们认为生命只有一次,必须做点什么证明自己的价值,他们相信未来,也相信自己的能力。

相信梦想也是一种豁达,当一个人不为自己的出身自暴自弃;不为此时的弱小怨天尤人;不因一时、一事而对自己失去信心,武断地下定论,我们不得不佩服他的心胸,也由衷相信只有这样的人才可以成就大事——他能够接受自己,不论是优点还是缺点,都能够突破自己。

想做出一番事业,首先要有做事业的胸襟,要相信一个人的成就必然与他的心胸成正比。举个简单的例子，做事业需要有伙伴，这些共事者身上可能有你难以忍受的品德或者习惯，甚至有人会冒犯你，经常跟你唱反调。你能不能包容不合自己心意的那部分？如果不能，你只能吸纳自己喜欢的部分，最多是一条河；只有吸取更多人的力量和智慧，才能有海纳百川的恢弘气势，所以荀子说："不积小流，无以成江海"。

王硕与庄吉是商场上一对老冤家，他们都做器材生意，经常产生矛盾。王硕为了挖对手墙脚，常常对合作者造谣说："庄吉的工厂存在很大问题，产品常常有质量隐患。"庄吉听到这件事非常恼火，但他的军师经常劝他要戒急用忍，不可争一时之气。

有一次，有人找庄吉谈一笔大生意，没想到对方要的产品型号刚好不是自己工厂生产的那种，反倒是王硕那里的专长。庄吉想起军师常常劝告自己的话，就直接将王硕的手机号告诉了那位顾客，没多久，王硕就签下了这一笔巨额订单。

从那以后，王硕再也没有说过庄吉的不是，反倒主动把一些客户介绍给庄吉。双方发挥各自的优势，通力合作，很快打垮了其他对手，占据了国内市场。庄吉很庆幸自己当年的大度，否则，他还在与王硕争夺小市场，根本不会有今天的成就。

俗话说："宰相肚里能撑船"，想做大事就要懂得包容和妥协。故事里的庄吉主动与他对着干的王硕和解，换来了一位强有力的同盟者。如果总是计较过去的那点仇恨，两个商人不断作对，两败俱伤，又怎么会有后来的大成就？

想做一番事业，就要学会权衡，今天你可能吃了亏，但吃亏是为了将来的前途打算，比起未来的收益，一时的小亏算得了什么？何况为了一时的得失计较，眼光就只能盯住这一时，如何看得更长远？做事要看全局，不能看局部，就像下棋高手不在乎一个子，甚至会丢卒保车，千万不要因鼠目寸光耽误自己的前程。

禅者要有容人的雅量，有时被人得罪，不要往心里去，只当过耳一句闲言,何必反复琢磨?人的心说小不小说大不大,整天放着琐事,还有什么空间装大事?对待他人的缺点,也要能担待、肯担待,不要过分苛责,和人的相处才能和睦长久。对待他人的错误,用谦和的态度指正,不要揪着说个没完,才能让人真正心服。要把精力放在那些真正重要的事上,有豁达的心胸,就能做到万物不介于怀。

计较太多,失去更多

总是计较斤两,人心就如菜市,怎能安静?

有一个和尚在寺院里修禅,时日一长,就生了焦躁之心,他对师父说:"师父,我决定去云游四方,提高自己的修为。"

师父看了看他说:"我看你长进很大,只要继续在这寺院中,便可精进,又何必云游?"

和尚说:"诸位师兄师弟都比我有慧根,我看他们都到达了一定境界,只有我跟不上他们的觉悟。想来我不适合待在这大乘寺院。"

师父对他说:"人与人有别,他们修他们的禅,你悟你的法,这又有什么关系?"

和尚说:"他们修禅,就像骏马,一日千里;而弟子却如驽马,即使尽力,也不及他们十之一二。"

师父大笑说:"骏马有骏马的活法,驽马有驽马的好处,各人各个人的缘法,你越是计较,越是耽误自己的修为。我们参禅就是要了悟万物缘法,你为此烦恼,哪里还能参禅!"

骏马和驽马都有自己的活法,太过在乎自己与他人的差距,就是自己给自己找烦恼。有的时候糊涂一点不是坏事,笨一点又何妨?同样在努力,同样在做事,要注意的是自己做到的,而不是他人做到的,眼睛里只有他人，哪里还能参禅？

计较越多就会失去越多，因为人们计较的常常是一些小事，计较生活中的小事，会落个心胸狭窄、气量不够的名声；计较事业上的小事，就会一叶障目，不见泰山，耽误了正事；计较感情上的小事，就会以偏概全对人产生偏见，影响两个人的关系。比较下来，就会发现得到的不过是一肚子怨气，失去的却是名声、机会、感情，小事耽误大事。

计较不如比较。就像故事中的和尚，哀叹自己无能或者忌妒其他修行者的好命都于事无补，不如自己专心悟道，不是说"驽马十驾，功在不舍"？用更多的时间达到别人用很少时间达到的事，其实并不丢脸。天资有差距，过程自然会有不同，但结果是一样的，自己得到的成就也是一样的。想要计较的时候不如先比较，看看那些自己没有的东西，努力得到，自然就不会再计较。不计较是豁达，缩短差距是积极，一个豁达而积极的人，什么事做不成？

经济危机到来的时候，史密斯先生焦头烂额，他的工厂出现资金问题，不想倒闭，只能尽快裁员。史密斯先生大笔一挥，半数员工被解雇。

史密斯先生是个暴躁的人，平日对员工动辄训斥，被裁的员工无不对他咬牙切齿，甚至有人和他当面争吵。只有一个人没有对他横眉冷对，这个人就是清洁工人杰克。

当众人都已离开工厂，杰克独自一人擦着机器上的机油，史密斯先生看到这一幕，奇怪地问："你已经被解雇了，为什么还要留在这里干活？"

"解聘书明天才生效，今天我仍是这里的员工，必须完成今天的工作。"杰克说。

"我平日经常对你发脾气，你难道不生气吗？"史密斯先生问。

"先生，你是我的老板，给了我工作，我必须尊敬你。"杰克回答。

半年后，史密斯先生的工厂情况好转，杰克收到工厂的聘书，邀请他回去工作。而半年前和他一样被辞退的员工，则没有得到这个机会，依然为找工作而烦恼。

人与人的相处常常存在着计较。今天你得罪了我，明天我记恨了你，烦烦琐琐，就像念珠一样没有尽头。与其这样煎熬，不如豁达一点，就像故事中的杰克，记得老板的好处，便不会在老板有难的时候落井下石，当然也就能得到老板的尊敬与扶助。

现实生活中，利害冲突不断，我们置身其中，有时深受其害。这个时候只能告诉自己不要计较太多，不要让自己徒增烦恼。唯有如此才能做到游刃有余，不被人事所累。不计较，既代表了一个人的智慧，又代表了一个人的心胸。

对事不对人是一种智慧。豁达的人并非任由他人打压，他们能与人保持友好的关系，就是知道对事不对人的重要。在一件事上，每个人都有不得已，该争的时候就争，不能让的时候寸步不退；但这件事过去以后，相争的人仍然可以做朋友，欣赏彼此的为人与品性，在其他方面合作无间。不必为区区一件事在意，你计较越少，收获就越多。

过多的担心，会让幸福打折

对明天最好的担心，是做好今天的事。

马老师是个天性乐观的老太太，好像天塌下来她都能没事人一样唱着歌。她的这种个性很让学生们喜欢，为升学烦恼的学生们经常问她："难道您不会担心吗？难道您没有烦恼吗？"

"十年前，我的烦恼比你们还多。"马老师笑呵呵地说，"那时候我整天都发愁，担心工资不够，担心学生惹事，担心先生工作不顺利，担心孩子生病……而且那时候我的脾气很爆，经常大发雷霆，身边的人只能小心翼翼地对待我，对我敬而远之。"

"可是您现在脾气很好啊！"学生们说。

"是的，因为我先生的妹妹是个心理医生，她经常给我打电话开导我。比如我为了升职烦恼时，她就会说：'就算不升职又有什么关系？何况，你的工龄够，能力够，怎么会轮不到你？'就这样，每次我担心什么，她都让我知道我的担心是没必要的，让我顺其自然。渐渐地，我发现我担心的事很少真的发生，是我太过紧张，搞得自己神经兮兮。后来我试着控制自己的情绪，凡事都往好的地方想，于是我就变成了现在这个样子！"

一个人的性格与他的生活状态有密切关系。整天乐呵呵的人，凡事想得开，不会自寻烦恼；与人相处能够为人着想，被他人喜欢；他身边总是有欢乐的气氛，让人愿意接近。相反，那些整天忧心忡忡的人，凡事都钻牛角尖，劳神费心；与人相处总是给人带来压力，旁人能避则避；他总是带着一种忧伤的气场，让人不愿接近。就算两个人有完全一样的生活环境，后者依然不快乐。

对人对事应该豁达，凡事都往好的地方想，有担心就无法放心，无法放心就不能开心。有的人活着总给自己找乐子，有些人却反其道而行之，常给自己找闷子。要知道世界上的事大多不能合自己的心意，世界上的人也不会按照你的喜好做事，自然也就会与你有摩擦，让你忐忑。不过要相信人心都有光明的一面，每个人都想追求一个和谐的人际关系，你如果处处设防，事事小心，有时会把好事想成坏事、美食当做鸡肋。

有个天性诙谐的百万富翁，经常做出一些让人捧腹的事。有一次，他在街边遇到一个乞丐，和这个乞丐聊起天来，他问乞丐："你每天睡在公园的长凳上，会做什么样的梦？"

乞丐说："我啊，经常梦见我住在帝国酒店的总统套间里，真是美！"

"那么，我今天就请你去住帝国酒店的总统套间，费用我来出！"富翁对乞丐说。

乞丐没想到会遇到这种好事，高高兴兴地进了帝国酒店。第二天，富翁问乞丐："老兄，总统套间的滋味怎么样？"乞丐皱着眉说："很豪华，很舒服，但我再也不想住了。"

"咦,这是为什么?"富翁惊讶地问。

"住在长凳上的时候,我梦到总统套间;住在总统套间的时候,我就会梦到我在长凳上睡觉,这真是太凄惨了!"乞丐回答。

一个乞丐难得有个机会住进总统套间,却做了整晚的噩梦,可见担忧太多的人,连幸福的机会都把握不好。人们总是担心自己拥有的东西不能长久,但担心有什么用?该过去的都会过去,想留都留不住,不如享受当前,珍惜时光。

过重的担心并不是好事,忧郁会影响寿命,也会影响人的健康。在一项针对老年人寿命的调查中,那些长寿的老人大多性格开朗,喜爱热闹,而那些忧郁的老人常常郁郁而终。生命只有一次,为什么要陷入忧郁,让自己的幸福感大打折扣?

幸福的时候固然不要主动走进阴影,就算有了不如意,也要看看事物的另一面,让自己心里有更多阳光。不要总是担心这个担心那个,不是担心自己有损失,就是担心他人会伤害自己。你以什么样的眼光看待世界,世界就会变成什么样子:心理阴暗的人,看到每个人都心揣恶意;心态豁达的人,看到的便是海阔天空。

走出回忆,让过去成为过去

生命里的所有时光都像是书页间的插图,再怎样赞叹惋惜也还是要翻过去。

一个女人心里充满烦恼,她去寺院向禅师请教:"师父,我如何才能不去想我的过去,我整日沉浸在回忆里,无法正常生活。"

禅师请女人一起去庭院捡树叶,女人见风刮个不停,就对禅师说:"师父,不要捡了,反正有人会来打扫。"禅师说:"我捡起一片,地上就干净一分。"女人说："你捡起一片，风就吹下一片，哪里捡得干净？"

禅师说："地上的落叶也许捡不干净，但是我们心上的落叶，却是捡一片，少一片，我们不能停止捡拾心上的落叶。你收起一寸心事，烦恼就少一点，总有一天，烦恼会无影无踪。"

禅师捡起落叶，是在打扫心中的烦恼。那些不能忘怀的过去，就如同心间的落叶，你不清扫，它就在原地落着，用枯黄的颜色和苍老的形态提醒你它的存在；你若真能将它收起来，很快也就想不起它的确切样子，最多记得有这么一回事，但它已经不能再烦扰你。心间的"过去"去一点少一点，唯有扫净烦恼，人的心胸才能呼吸。

人们难免怀念过去，不论悲哀欢喜，都是我们曾经经历过的人生，也是不可替代的珍贵回忆。如果现实生活不如意，人们就会倾向于美化过去，在他们心中，过去的天比现在蓝，过去的人比现在单纯，过去的感情比现在纯真，过去的一切都有明亮的色彩，而现实却是黯淡的、苦闷的。沉浸在这种怀旧情绪中，人的精神也跟着低落。

还有一些人，总是对过去受的伤害念念不忘，也许是受伤太深的缘故，他们总是反复诉说、悔恨，恨不得时间倒转重来一次，再做一次选择。他们认为自己是受害者，长久地抓着过去不放，希望给自己一个交代。事实上，过去就是过去，不会对你做出任何补偿，你缠着它，耽误的是你自己，为难的也是你自己。

高中时，林奇与三个同班同学是好兄弟。毕业时，林奇考上上海的一所重点大学，几个朋友也各有出路，他们相约大学时一定要好好努力，今后做出一番事业。

大学时，林奇一直记得当初的约定，刻苦学习。他发现大学时人与人之间的关系不像高中时那么简单，他和舍友、同学相处得不是很好，所以很怀念高中时与三个兄弟同进同退、推心置腹的那种友谊。毕业后，他本来可以在一家很好的企业工作，因为怀念高中时的朋友，他决定回家乡，和几个朋友相聚。

没想到时间改变了许多事，朋友们外貌并没有太大变化，但各自有了各自的事业、家庭，见了面也没有多少共同语言。林奇十分痛苦，他觉得朋友们忘记了当初的约定。朋友们却对他说："并不是我们忘了，而是各人有各人的生活，每个人都要面对现实，过去的话，就当做美好的回忆，我们只能为现在活着。"

消沉了一段时间，林奇终于决定回上海发展，他认为自己也该潇洒一点，活在当下。

过去的情谊的确是美好的，曾经的誓言想起来就会激荡人心，故事中的林奇想要找回曾经在一起的奋斗伙伴，没想到世易时移，每个人都有了自己的生活。过去的一切并非是假的，只是努力生活的人都知道，最重要的不是过去说了什么，而是现在要做什么。

豁达的人能够正视过去，从过去的美好中，他们知道生活的重要、情谊的重要，过去让他们相信人性，相信真情，这就是回忆的正面力量；同样地，从过去的伤痛中，他们愿意检讨自己，吸取经验，让这伤痛也变成一份财富。不论美好与不美好，他们清楚地知道自己手中应该拿着什么，心中应该放下什么。

我们不必忘记过去，但不能留在过去。时光匆匆，未来还有漫长的路要走，留在过去，就是限制了自己的人生，把自己的潜力只留在那一小点。一切必须向前看，人始终要向前走。我们不必对过去的梦想执拗，也不用因回忆过分伤怀。过去既然已经过去，就把一切当成一份珍贵的回忆，豁达地面对那些悲哀欢喜，然后洒脱地走出来，迎接更好的明天。

与其纠缠不清，不如果断放弃

手中的苹果如果烂掉，继续拿着只会让自己为难。

一对夫妻结婚后日日吵架，吵得四邻不宁，还经常惊动双方家长。妻子对闺蜜们抱怨："我真不明白，结婚前我们两个有说不完的话，一天不见就像少了什么，为什么结婚后看对方就这样不顺眼，恨不得对方不出现在自己眼前。"

常言道："劝和不劝分。"闺蜜们都劝她想开一点，体贴一点，只有一个朋友对她说："你们的个性本来就不合，恋爱的时候还能相互忍耐，一旦朝夕相对，缺点再也掩盖不住了，也难怪对方受不了了。有些人不适合走入婚姻，建议你们赶快离了吧。"朋友们大惊失色，没想到她会说出这种话，纷纷责怪她。

可是，就像这位朋友说的，这对夫妻性格不合，根本无法一起生活。半年后，他们的感情彻底破灭，还是选择了离婚。离婚后的女人对朋友说："其实我也早就知道不合适，总是想着再试试，再忍忍。早知如此，我半年前就该听你的话才对。不够果断，害的是自己。"

常言道："宁拆十座庙，不毁一桩亲。"故事中的朋友眼见女主人公不适合再维持这段婚姻，索性做个"恶人"，提醒她赶快放弃。人只有学会放弃那些不适合自己的东西，才有可能真正学会判断，知道什么适合自己，什么对自己最好。如果优柔寡断总是放不下，就只能和不如意的现状纠缠不清，没个清净。

世界上很多坚持其实不值得坚持。就如故事中天天吵架的夫妻，恩情不再，存在的只是对彼此无休止的抱怨，也许过不久抱怨就会变成仇恨。这种坚持换来的不会是守得云开见月明，而是更坏的结果。这个时候，自己的坚持只是让不愉快的经历延长，浪费时间，浪费感情。与其如此，不如当断则断。

有时候面对烦恼，我们会告诫自己："将就一下"，但"将就"有什么意义？"将就"只是使本来就不可调和的矛盾再多酝酿一阵子，很多时候"将就"就是和稀泥，把原本的烦恼搅在一起保持暂时的和平，事实上并没有改变它的性质，总有一天它还是会爆发，造成的伤害可能更大，不如在该放弃的时候早点放弃。

安易的一位朋友失恋了，安易等到周末就赶快去了朋友家，他想要安慰这位朋友。没想到朋友竟然没有消沉的状态。安易说："真没想到，你恢复得这么快。"

"哪里哪里，我也是伤筋动骨，不过我虽然伤心，却能想开。"

"想开？你怎么想开的？"

"我想起以前我的姐姐来我家，看到我养的兰花很羡慕，我想送她两盆，你知道她说什么吗？她说她很喜欢花，但是她不是养花的人，不懂得养花技巧，也不知道花的习性，如果把兰花放到她家，就会糟蹋了兰花。我想这恋爱就像养花，养不好这一朵，就不要霸占着人家，有时候，放开反倒是最好的结局。"

好梦由来容易醒，失去爱情是人生最伤心的事之一，失恋的人容易消沉，容易借酒浇愁，也容易从此自称"看破红尘"，再也不相信爱情。这样的人看上去已经放开了一段爱情，其实还在为这段关系纠缠，并让一个不愉快的结果长久地影响自己的心境与人生态度。而故事中的这位朋友就很豁达，知道缘来躲不了，缘去莫强求，自己不合适，不如让对方找更好的，潜台词是对方不合适自己，自己也会找到更好的。

我们总是强调"坚持"的重要性，似乎"坚持"等同于"精诚所至，金石为开"，但在现实生活中，"精诚"是有的，却不一定换来"金石为开"，倒有可能因为错误的坚持耽误远大的前程。要知道对一个选择的坚持，既可能让你走得最远，也可能让你无路可走。

坚持应该合乎实际，如果在错误的方向、用错误的方式一意孤行，就是固执。还有很多人明明知道这一点，就是不愿意放开自己的"错误"。他们已经为此付出了各种各样的努力，中途放弃不仅是否定自己，也可惜那些花费掉的时间和精力。这个时候我们就需要有一个豁达的眼光，因为此时的放弃是在避免更多的错误与失败。有时候，放弃也是一种坚持，那是对生命的负责，对前程与更好未来的坚持。

随遇而安，柳暗花明自一村

不要祈求安逸的生活，要祈求能有随遇而安的心境。

有个年轻人从重点大学毕业，到一家大公司工作。年轻人满怀雄心壮志，却发现自己每天只能做一些打印文件、泡咖啡、扫办公室之类的杂事。几个月后，他的忍耐到了极点，他给自己的系主任打了个电话，说想回学校执教。

系主任接到电话后说："你毕业刚刚几个月就想回学校，太早了吧？"年轻人说："我根本就不该离开学校。继续做现在的工作，我一定会发霉！"

系主任说："那么你觉得我的工作如何？当年我大学毕业，是一个普通的学生指导员，每天干的事比你还无聊，一干就是三年。"年轻人惊讶道："三年？你真有耐心！"

"三年后，系里有个老师退休，有人推荐我去教课，教的竟然是我不熟悉的秘书学。"系主任说，"不过我想，比起指导员，当讲师是个进步，于是就开始教秘书学，一教又是三年。因为我很努力，讲课好，被提拔为系主任。依我看，你不要急着回学校，继续在那个公司工作，老板让干什么就干什么，随遇而安，总有一天会等到机会！"

听了系主任的话，年轻人收起好高骛远的心思，每天认真完成老板交代的任务。三年后,他已经是那个公司的销售经理。

一个人想要成功,抱负固然很重要,能力是最基本的条件,机遇也是一个关键点。不过仅仅有这些还是不够,想要成功的人还要有一种豁达的心态,这就是随遇而安、顺其自然。故事中的系主任刚刚工作的时候,就悟出了这个道理,他相信机会总有一天会来到,人不会永远坐在一个位置。就是这份心态,让他在三年后一路升级。

有时候我们会感叹自己能力不足,现实的环境总不能让我们满意,却又不能加以更改,这个时候应该做什么呢?抱怨是最没有出息的办法,也最无济于事;没有目的、没有计划的行动只会让自己的人生更加混乱,因为凡事都需要功夫,你中途改变,就是浪费了曾经的努力;更忌讳放弃,你又不能确定前方没有希望,怎么能说放弃就放弃?

所有事情都需要酝酿,机遇也是如此,不必在意眼前的困境,要想想谁都有困境,谁都不会一帆风顺;更不能轻举妄动,当时机还不成熟的时候就行动,只会得到失败的结果。要相信机遇对每个人都是公平的,属于你的那一份只是还没有到来,你要做的应该是做好准备,以便它到来的时候紧紧抓住。在那之前,不妨先享受一下清闲,这不也是一种生命体验?

有个叫杰克的小伙子喜欢旅行。有一年,他一个人去美国纽约,下飞机后,刚刚订好旅馆,就被小偷"光顾",钱包不翼而飞,身上只剩一点零钱。在美国,旅客遇到这种情况,一般都会立刻去警察局,然后在旅馆等待消息。杰克哀叹自己倒霉,不甘心美国之旅成为泡影,决心靠手边这点零钱来一次别开生面的纽约之旅。

第二天,杰克去参观自由女神像等有名的建筑,还认识了不少来旅行的年轻人。他们听说杰克的遭遇,邀请杰克与他们一起开车穿越西部,杰克兴高采烈地答应了。

整整一个暑假,杰克和新认识的朋友们畅游美国,他们住最便宜的旅馆,偶尔替人打工赚旅费。一个月后,杰克回到纽约,乘机回国。朋友们听说杰克丢了钱包,都说:"你是怎么在美国过了一个月?一定非常糟糕!"杰克说："恰恰相反，我过了一个非常愉快的假期！"

　　假想有一天，你一个人下了飞机，身在异国，护照丢失，身上只有几块零钱，你会如何？是急着找人求救，还是在警局里咒骂那个小偷？你能不能像故事中的杰克那样，既来之，则安之，目的是旅游，没了钱就来一次免费游，用仅剩的条件让自己开心？恐怕很多人都做不到这一点，就算勉强游览几个景区，必然愁眉苦脸。

　　豁达的人并不多，豁达有时甚至被人们称作"阿 Q 精神"，被认为是苦中作乐的心理安慰。我们所说的豁达是一种乐观的心理状态，豁达的人能够以最快的速度接受现状，却不会像阿 Q 那样只是接受，不能改变。豁达的人在判断过局势后，就会达观地放下原本的目的，顺着局势观察会有什么其他收获。

　　豁达也不是见风使舵，而是在不能改变局势的时候，一种放得下的心态。一个人的能力终究有限，勉强自己只会带来烦恼，不如随遇而安，只要耐得住性子，转机也许就在下一秒出现。陆游有一句诗写得很有诗情、又有禅意，他说："山重水复疑无路，柳暗花明又一村。"要相信生命中有很多惊喜，就在柳暗花明之后。

第 9 课

得道的人晓天意,故不急

人们常常羡慕那些"得道高人",这"得道"并不是宗教上的意义,而是说他们参透世情,知天命,乐人事,虽处俗世之中却能不惊不扰,拥有大智慧与大气量。

禅者乐天知命,不骄不躁,不急不迫。他们有平和的心境,了解自己是谁,需要做什么,不以自身境遇定喜乐,常常记挂他人,故意境高远,令人感佩心服。

平和的心才能耕种福田，得道者不急躁

如果内心失去了安详，生命就失去了源头活水。

古时候，有个男人心胸狭窄，经常和邻居发生口角，今天嫌东家的篱笆占了自己家的土地，明天骂西家的鸡吃了自己院子里的小米。有一天，他又和一位邻居发生争执，双方吵不出个所以然，男人决定去附近的寺庙找一位禅师评理。

禅师听完了这个男人的话，对他说："我今天刚好有事，不如你明天再来吧。"

第二天，男人又去寺庙找禅师，禅师不在，弟子说："师父出去了，让我告诉你明天再来。"

连续几天都是如此。直到第五天，男人终于见到了禅师。禅师说："你有什么事要对我说？说吧。"男人想要数落邻居的不是，突然觉得那么小的事情，过了好几天还要说个没完，显得自己太没气量，于是说："没什么事，就是来问候您一下。"

禅师说："这就对了，仔细想想，世间能有什么大事？平和一点，没什么事值得你生气。"

心胸狭窄的人看世界也是窄的，处处都有气，事事都急躁。而为他评理的禅师却不紧不慢，他是得道高人，自然不会将区区口角放在眼里，他知道忍上几天，怒气就会烟消云散。在得道者看来，世间本无事，庸人自扰之，与其急躁，不如从容待之。

什么是"道"？"道"就是指万事万物的规律与法则。在现代生活中，所谓"得道"，就是要有一颗平和的心，与人为善。这样的人才能耕种福田。

"福田"是佛教中的概念，既指人对外界与他人的布施，是一种慈善举动；也指人如果以平等的心对待世间的一切，就能得到善果。就像故事中的男人，禅师教导他不与人计较，就是在心灵上种下一颗善果。

平和的心有禅性，故脾性不急躁，有了怨气能够自行疏解，不与人因琐事起纷争。就像广袤的土地，不论敲击还是播种，都能一视同仁，保持自己的坚实和深厚。仔细想想，世间又有多少事真的值得自己生气？保持心平气和才能集中精力做好自己的事。

平和的心有定性，故行事不急进，凡事都能深思熟虑，不会因一时冲动耽误了计划，带来不可挽回的损失。就像潺潺流动的河流，总能到达入海口，又何必激流澎湃？细水长流既能达成目标，又有悠闲自在的情致。

一个老锁匠一生制锁、修锁、开锁无数，年纪大了，他想找个弟子继承他的店铺，继续打他的招牌。在几个手艺高超的弟子中，老锁匠不知该选哪一个。

老锁匠想到了一个方法，他将三个柜子都上了三重锁，对三个手艺最好的弟子说："我想要从你们之中选一个当我的继承人，你们谁能以最快的速度开完锁，让我满意，我就将我的店铺传给他。"

三个弟子很兴奋，飞快地打开三重门锁，速度几乎一样。对这个结果，老锁匠不意外，他问了另一个问题："说说看，你们在柜子里看到了什么？"

"我看到了一块金子。"一个弟子说。

"我看到一块宝石。"另一个弟子说。

第三个弟子瞠目结舌，呆呆地说："我只想着开锁，没有注意里边有什么东西。"

"你就是我的继承人！"老锁匠宣布。他又对其他弟子解释，"不论做什么都要讲修为，参佛的人心中只有佛，作画的人心中只有画，开锁的人心中只能有开锁这件事，其余的东西都能视而不见。一旦看不见，就不会产生非分之想，这就是我选他做继承人的原因。"

想要心态平和，就要抗拒诱惑，不要产生非分的念头。老锁匠选择继承人不仅看手艺，更要要看徒弟们的心是否经得起考验，看到财物未必心生贪念，但不看不闻的人更显专心致志。当众人都在为外界眼花缭乱、心智不坚，能够一心一意专注于心灵的人，最是难得。

非礼勿视，就能杜绝非分之想。就像故事中的小徒弟，知道诱惑要不得，索性不去看，只做自己该做的事，这也是一种"得道"。只要守住自己的本分，世间就没有那么多求之不得，也没有那么铤而走险。遵循自己的人生，自然会得到自己的幸福，不属于自己的就算得到，也背上了不安或内疚，终究不踏实。

人是感情动物，平和的心需要自我约束，才能真正做到波澜不惊。所谓的平和并非没有感情，而是让感情更加平和。强烈的仍然强烈，只是它有了一个限制，不会因诱惑失去定力，不会因急躁失去判断力，也不会因哀伤失去目标。当感情有了平和的心做底子，它不会失去本应有的色彩，只会更加长久，更加专注。

自我价值，只有自己能确定

上天没有给你安排一条理想的路，却给了你双腿。

有个乞丐来到寺院里乞讨，寺内的禅师打量乞丐一眼，见他衣衫褴褛，只有一只手。小和尚说："师父，这个人好可怜，我们施舍他一些饭食和钱财吧。"

"不行。"禅师一口拒绝，对乞丐说，"我这里不供人白食，除非你能将我后院打扫干净。"乞丐说："出家人慈悲为怀，你却捉弄一个一只手的乞丐！"禅师说："一只手难道就不能打扫！笑话！如果你不愿意打扫，现在就请去别处！"乞丐没办法，只好费力将院子扫干净，于是禅师请乞丐吃了午饭，又送了他一些银子。

第二天，又有一个乞丐来乞讨，禅师说："你四肢健全，却要以乞讨为生，如果你不把我的院子扫干净，我不会施舍给你任何东西。"乞丐说："你是出家人，竟然如此小气，真是有辱佛家清净之地！"说罢一怒而去，禅师在他身后直摇头。

若干年后，小和尚云游四海，竟然遇到了当年的两个乞丐。那个四肢健全的乞丐依然流落街头，已经年迈。那个一只手的乞丐却成了一个成功的商人。说起当年的事，商人感慨万千，说道："我曾经不止一次去当年的寺院，可惜你师父已经圆寂，你也不知去向。我要感谢你们当年让我明白，自己可以靠一只手劳作，得到报酬，而无须乞讨。"

何谓"天命"？乞丐认为一辈子讨饭就是"天命"。但同样两个乞丐，遇到了同样的教诲，一只手的乞丐却摆脱了行乞的身份，这是否说明所谓"天命"只是人们说出来吓唬自己，而并非真正的不可更改？只要有心，乞丐不会一辈子是乞丐；如果认命，无所作为，富翁也可能沦为乞丐，一切都要看自己的选择。

有些人总是哀叹自己的命运，他们认为自己不会有更好的机会、更大的出息。他们有各种各样的理由说服自己"认命"，有人说自己天资不好，有人说自己容貌欠佳，有人说自己年纪大了，还有人说自己有太多失败的经验，注定不会成功。但这其实都是不思进取的借口，天资不好，勤能补拙；容貌欠佳，气质可以培养；年纪受限，学习永远不晚；失败的经验，更是成功的入场券。"天命"应该由我们自己把握，自我价值只有自己能确定。

欧阳在一家大医院做护士，她的工作是特别护士，专门照顾那些得了绝症、即将去世的病人。欧阳照料的病人大多是高龄老人，有些人行动不便，有些人无法自理，只能瘫在病床上。在这种情况下，病人们精神委靡，仪容不整是常有的事。

桑先生和其他的病人不同，他是胃癌晚期，长期的化疗让他面容消瘦，行动迟缓，有时候走路也需要人搀扶。但是，他很注意自己的外貌，每一天，他都费力地将自己清洗干净，又将头发梳理得整整齐齐，他的病号服看上去总是比别人干净。欧阳很尊敬这位老人，因为，尽管桑先生时日不多，他仍然要保持自己的尊严和修养，这样的人很难不让人印象深刻。

得绝症的人最知道"天命"，因为死亡近在咫尺，各个器官出现病变，行动受到影响，有些人只能整日卧床，这个时候再也说不上自我价值。但故事中的桑先生却坚持着自我，健康远离了他，事业远离了他，即使"天命"如此，也要维护自己的尊严，争取自己的价值。

我们常常听到有人不屈不挠与绝症抗争，在死亡阴影下的人尚且如此，健康的人又怎么能随随便便"认命"，放弃争取机会，放弃实现自我？每个人的生命长短虽然不同，但却都有足够的时间实现自己的价值。只要努力，困难就可以克服。不要等到死亡即将来临的时候，才想起有很多事没有做，有很多梦想当初应该去尝试。

自我价值不能靠天意决定，只能靠自己的双手，还有自己的头脑。面对梦想，你可以不急躁，面对人世，也不必急迫，但在任何时候都不能放弃。努力地面对每一天，寻找自己生命意义的所在，你想是什么样子，就能做到什么样子，这才是真正的"人顺天命"。

不幸有时也是一种财富

风平浪静，训练不出良好的水手。

意大利有一座叫做庞贝的古城。1900年前，它被突然爆发的火山淹没，埋到了地底，只有一部分人在浓烟和尘埃中逃了出去。这其中有一个双目失明的女孩。

这个女孩出生时就是个盲童，一直在黑暗中生活，她很坚强，平日靠卖花维生。火山喷发的时候，她靠着平日对城市道路的熟悉，迅速地带着很多邻居逃到了安全的地方。而很多双目完好的人，却在黑暗中找不到出城的路,葬身在火山灰中。没想到天生的残疾,造就了女孩出色的听觉和触觉,成了这个女孩逃脱灾难的依靠。有时候,不幸也是一种财富。

每个人生下来时都不同,有人身强体健,有人体弱多病,也有人天生就是残疾。如果这是一种"天意",那些天生不幸的人完全有理由斥责"天意"不公,给一些人太多,给另一些人却太少。但是,在上面这个故事中,眼盲的女孩靠着常年锻炼的在黑暗中行走的能力,躲过了一场巨大的天灾,那些健全的人却被埋在火山灰之下,不知这是否是一种"公平"?

也许幸与不幸并没有定数,所谓"天意",也不过是自欺欺人的说法。人们常说有智慧的人知晓"天意",其实他们知道的不过是现实,比起那些埋怨现实的人,他们愿意选择接受,从中发现积极的一面、光明的一面,并相信未来。当他们身在顺境中,也不会麻痹大意,而是更加小心防患于未然。就是这样一种心态,让他们看上去"知天命"。

接受现实才能超越现实,所谓不幸都是相对的。当你认为自己不幸的时候,世界上肯定有比你更加不幸的人,想到这些,你的心理会不会有一点平衡? 人的心理只能依靠自己调节,要告诉自己不幸有时也是一种财富,它能够带来一些更重要的东西。当你幸运时,你会忽略,只有在不幸中,才发现这些东西必不可少。

一个男孩从小患上了小儿麻痹症,走起路来一瘸一拐,经常被小朋友嘲笑。这个时候男孩的父母没有骗他,而是详细将这种病的病因,今后的后果告诉他,并且对他说:"也许你一辈子都这样,但要记住,即使如此,你也不比任何人差,相反,今后你会比他们更优秀。"

在这样的教育下,小男孩从小就有不服输的品格,父母总是鼓励他,并告诉他,他有多优秀。渐渐地,小男孩比任何孩子都有自信,不论什么都要试一试,争取做到最好。他从小成绩就好,被很多人羡慕,更难得的是,他多才多艺,性格开朗,还很有同情心。尽管他走路仍然一瘸一拐,却得到了所有人的喜爱。长大后的小男孩说:"我要感谢我的不幸,也要感谢我的父母,是他们让我成了一个渴望优秀的人。"

患了小儿麻痹症的男孩是不幸的,但他又是幸运的,他有一对懂得教育的父母,让他从不对自己自卑,时刻感受到家庭的温暖,努力提高自己,让自己更加优秀。正像小男孩所说,有时候需要感激我们遭遇的不幸,只有在不幸的时候,我们才能体会自身拥有的财富。

不幸能够孕育出坚强的心灵。有些人的不幸是天生的,有些人的不幸是在成长过程中无法避免的。不幸并非不可战胜,关键在于你自己的心,你超越了它,就能拥有来自失败的经验、来自痛苦的毅力、来自磨难的韧性。这些品格在一帆风顺的环境中很难得到,它们是不幸赠给你的礼物,让你能够更加坦然地应对生命中的风雨。

不幸能够让人懂得上进和珍惜。生活常常不圆满,也就是因为不圆满,我们有了积极向上的动力,也懂得手中财富的可贵,这种上进和珍惜相互作用,就能够最大限度地消除人生的不如意感。学着将不幸视为一种财富,要相信人生的遭遇并非偶然,只要你愿意接受考验,自然会得到奖励。当你将不幸消解在生命里,会发现幸福的明天早已在等待你。

心境不同,乐者常乐忧者常忧

即使是最糟糕的事情,也要照单全收,这便是使内心平和的秘诀。

寺庙的古井旁有两个水桶,它们经常交谈。这一天,一个水桶对另一个水桶说:"你为什么如此不开心?是不是发生了什么不幸的事?"

那个闷闷不乐的水桶说:"我们每天都在重复着不幸的事。你看,我们进入井里,好不容易把自己装满,却又要立刻被倒空,到最后还是空荡荡地被晾在这里。"

发问的水桶说:"原来你在烦恼这件事,你为什么不换一个角度去想呢?我们每次都是空空地下去,然后装得满满地回来,这是多么有意义的一件事。用这个角度去想,难道你不觉得很快乐吗?为什么一定要让自己烦恼?"

水桶的一生比人要简单得多,不过是在井里上来下去,它们的烦恼也很简单,没有被使用的哀叹自己"怀才不遇",被使用的伤心自己太过劳累;装满的害怕自己被倒空,倒空的感叹自己刚要休息又要干活……来来回回不过这么几件事。不过,人的烦恼说穿了,不也就是这么几件?万事万物的烦恼原本没有什么质的区别。

不论是"得道"还是"知天命",我们羡慕这样的人究竟为了什么?其实也不过是想知道究竟如何摆脱烦恼,从此远离忧愁。但仔细观察,那些所谓的"得道者"也并不是没有烦心事,他们不过是比常人更乐观,更有平常心。烦恼来了,他们不急着发愁,而是看到积极的一面,先做一番自我安慰。这样一来,忧愁自然就少,行动自然也主动,克服困难也比他人快上一步。在现实生活中,这种"得道"意义重大。

乐观的人总能乐观,因为他们把快乐当做一种习惯。法国有位喜剧演员说他每天都要对着镜子练习微笑,生活不就是一面镜子?你对着它哭,它就哭个没完;你要是愿意笑着对待它,它就算有时要脾气,最后总会笑着对待你。一颗乐观的心在任何时候都能陪伴我们圆满地渡过困境。而且,乐观的人比悲观的人更有运气。

三条贪玩的鱼在涨潮时玩耍,它们玩得兴起,退潮时忘记回家,被搁浅在有一点浅水的沙滩上。月光下,三条鱼像是听见了死神的脚步声,它们开始商量如何回到大海里。

一条鱼说:"等到下次涨潮,我们可以回去,但在那之前,渔人就会发现我们,我们就要变成食物。不如我们鼓足力气,一点一点跳回大海。"

另一条鱼说:"我想我们没有那么好的体力,我看那边有块礁石,不如我们藏在石头缝里,躲过渔人,等到涨潮时就可以回家。"

第三条鱼说:"算了,算了,我们这么倒霉,不可能回到大海里,只能在这里等死了!"

那两条鱼没有理它,一条拼命打滚,跳回大海;一条藏进石缝,等到第二天涨潮,回到了海里。第三条鱼直挺挺地躺在浅水里,第二天被早起的渔人一把抓住。

乐观的人总能乐观,悲观的人却总是看不开。乐观和悲观不仅仅是一种人生态度,还会决定很多事的走向。就像故事中的三条鱼,第三条鱼就是典型的悲观主义者,其他两条鱼都按照自己想到的办法,相信自己有机会活下去,只有第三条干脆在原地等死。悲观的人放弃的不只是自己的快乐、阳光的心情,还有命运的主动权。

凡事都有两面性,即使在阴影中,也要相信阴影后面就是阳光,这才是乐观者的眼光。一个人如果想要快乐,就要常常培养快乐的心境,只有这样的心境才能让人有积极的思维。如果你觉得人生就是不快乐的,就更要努力改变,为什么不尝试将阴影变为光明,将忧伤变为幸福?命运始终掌握在你自己的手中。

我们应该知道所谓"知晓天意",并不是远离世事,而是知晓了事物的起因和结果,用更积极的态度去面对人生。如果一味悲观消沉,就只能终身与忧伤为伴,让本该精彩的人生失去光彩。相反,要相信凡事都有光明的一面,你愿意寻找,你就是在向光明行走,心中的禅性也在这向阳的同时滋生。选择一份积极的心态,就是选择了一份幸福的人生。

体谅他人,相处才有滋味

如果你懂得关心你周遭的人、事、物,则也会得到同样的友善回报。

古时候有个地主,脾气急躁,为人苛刻。有一天他吃坏了肚子,半夜在床上疼得直打滚,他大叫侍女:"小杏!快点拿蜡烛!快点蜡烛!"

侍女小杏慌手慌脚地在黑暗里找蜡烛,没想到被桌子绊了一下,跌在地上，还打翻了桌子上的东西。地主骂道："猪狗不如的东西！我每个月给你那么多工钱，你却什么也做不好！"小杏反驳说："您真不讲道理！这么黑糊糊一片，我也两眼摸黑，什么也看不到，您倒是给我点个灯，让我快点给你找蜡烛啊！"

地主夫人听了对地主说："小杏说得没错，就是因为黑才要找蜡烛，如果都能看见，要蜡烛做什么？你还是扳一扳这副急脾气吧。"

古代君子讲究"严于律己，宽以待人"，但在真实的生活中，人们常常以宽容的心胸对待自己，以过高的标准要求他人。自己犯的错误都是可以原谅的，他人的过失简直不可饶恕。就像故事中的这个地主，对他人做出不切实际的要求，他人达不到便要大发雷霆，难怪脾气越来越躁，连夫人都看不下去，出言指正。

"己所不欲，勿施于人"，自己不喜欢做的事，不要推给他人；自己不喜欢的事物，也不要为难他人。要知道大家的心态是一样的，你将自己讨厌的事物给了别人，别人自然不悦，你们的相处也就成了一种纯功利关系，他人自然也就不会把你放在心上。

人与人的相处充满了矛盾，因为思维个性的不同，在很多事情上很难达成一致。想要相处，就要学习如何为他人着想，特别是在向他人提出要求的时候，要多多考虑他人的情况，具体问题具体分析，不要总是责怪他人不用心、不细心，你不是他人，怎么能对他人的行为下定论？何况他人如果是在帮助你，感激是你最应该做的，而不是指责和呵斥。如果能尊重他人的奉献，人与人的相处就会越发有滋有味。

一座山上有两个寺庙，东禅寺的方丈脾气暴，和尚们一个比一个彪悍，经常争吵，每天生活在戾气之中；西禅寺的方丈慈眉善目，每个和尚都笑容满面，生活很和睦。

东禅寺的方丈认为应该改改寺里的风气，就去西禅寺取经，他问西禅寺方丈："你寺里的气氛为什么这么好？"西禅寺方丈说："在东禅寺，如果有人做错事，你怎么处理？"

"要严厉地责罚,只有这样,他下次才能改正。我们寺里的人都会高声训斥做错事的人。"东禅寺方丈回答。西禅寺方丈说:"请看看我们寺里是怎么做的。"

正说着,一个小和尚拿着一封书信跑了过来,他跑得太急,跌了一跤。这时一个和尚跑了过来扶起他说:"对不住,对不住,刚刚扫地洒得水多了,地滑,让你滑倒了!"摔倒的小和尚说:"不,是我的错,我自己太不小心。"师兄弟亲亲热热地去了禅房。

看到这一幕,东禅寺的方丈说:"原来这就是保持和气的方法!"

人与人之间如何保持和气?一来自己不要太过急躁,动不动就使性子发脾气;二来要多多体谅别人的难处,明白每个人处境不同,都有自己的不得已;三来要多想想自己的错误,也许错误不在别人身上,是自己要求太高,或者考虑不周。就像故事里的和尚们,多多检讨自己,自然一团和气,不嗔不怒。

多想自己的错误,就是把人际关系的主动权掌握在自己手中,并让它向更好的方向发展。须知人与人的关系可以很稳固,也可以很脆弱,就看你用什么方法来维持。你愿意为他人着想,他人自不会亏待你,你喜欢由着性子,他人也不会永远迁就你。生活中少不了与人沟通,若沟通的基础是互敬互爱,你自然也会受益良多。

人与人之间的关系,靠的是彼此的体贴与关怀,特别是在有分歧的时候,更要互相谅解,不然就算是朋友也会变成仇敌。在与人交往的时候,常常检讨自己的过失,不要只抱怨别人,也不要轻易责怪别人,这样才能让别人感到愉快,更愿意与你多多接触。在与人相处时,不要太急躁,遇事多多体谅他人,才能保证自身心平气和,处世顺心如意。

能站在他人的角度为人着想,就是慈悲

仁慈是一种聋子听得到,哑巴能了解的语言。

一位隐者在山间居住,有个樵夫不喜欢他,经常找他的麻烦,每次见面都用言语侮辱他。隐者从来不与樵夫发生争吵。邻人为隐者抱不平,说:"你总是忍着,他才越来越放肆!"

隐者说:"如果有人送了你一件礼物,恰好那件礼物你不喜欢,说什么也不肯接受。你说,这件礼物最后属于谁?"邻人说:"当然属于那个送礼物的人了。"

隐者说:"所以,若我不接受他的谩骂,你说他在骂谁?这是他自己的损失,我倒觉得同情,这种脾气,让他在生活中添了多少烦恼?"

邻人会意。过了一段时间,山里的人果然都对无端谩骂他人的樵夫不满,而赞扬隐者不与人计较的豁达胸襟。而樵夫因此也渐渐开始检讨自己,不再谩骂。

古时候,有些高人隐居山林,不问世事,只求在山中修得心中清净。这样的隐士历来被视作得道高人,为人敬仰。得道之人因为对万事万物一视同仁,所以慈悲。就如故事中的这位隐士,明知樵夫辱骂自己,既不辩驳,也不抱怨,反而同情樵夫的境遇,这才是真正开阔的心胸。这位隐士是隐者,也有禅心。

慈悲是什么? 慈悲就是能为他人着想,就算自己受到了不公正的待遇,依然能够站在他人的角度考虑问题,不以自己的遭遇迁怒他人。慈悲并不是一件简单的事,它需要很大的耐性,更需要广阔的包容性,有时候还要牺牲自己的利益,收敛自己的感情。但是,慈悲有积极的意义,因为你的慈悲,总会有他人受益,受益者会被你的善心感化,帮助更多的人。不知不觉，以你为中心，人们开始重视为他人考虑，你一个人，就能带来一个群体的和谐。

凡事以自我为中心的人不懂慈悲，他们只会计较自己受到了什么样的待遇，得到了什么样的好处，一旦有人对他们有所冒犯，必然勃然大怒，甚至睚眦必报。他们从不肯为他人做出牺牲，凡事都不顾念他人的心情，我行我素，不断伤害周围的人。这样的人很难让人从心底产生亲近之感，因为他们没有慈悲之心，他人自然也不会对他们产生深厚的感情。

一个化学实验室的助理在下班后找到导师，抱怨刚刚进入实验组的学生笨手笨脚，什么都做不好。不管他怎么教，他们还是经常搞错最简单的公式。为此他建议："为了实验着想，我建议把他们踢出实验组，他们实在太笨了！"

导师耐心听他说完，对他说："两年前，你是研一的学生，进入这个实验室，你还记得当时的事吗？当时你也经常搞错实验步骤，给别人添麻烦。有人也建议我不要用研一的新生，太嫩，耽误事。要是当时我把你弄出去，现在谁当我的助手？"

听了导师的一番话，助理不禁脸红，他想到这几个学生都是以优秀的成绩考进这个学校，又被导师挑中才进实验组。谁没有不成熟的时候？谁不害怕做不好事情？看来，自己应该宽容一点，经常鼓励他们，他们才会越做越好。

没有人是天生的强者，即使是天才，也有蹒跚学步、笨手笨脚的阶段。人都是在不断地学习中才能进步，当人们学习的时候，很希望有一个能够鼓励自己的教导者。故事中的助理曾经遇到过这样的教导者，但他看到初学者时，却忘记了自己曾经受到的帮助。细心和耐心应该被传递，而不应该断绝，当你受到过别人的好处时，就该想到有一天，你要把这帮助转递给需要的人，这才是人与人相处中最重要的东西：善意。

每个人都有自己的特长，也许你在各方面都比他人强很多，也许你在某一方面尤为出众，这个时候你要明白并非人人都是你，都能和你做得一样好。或者想想在某些方面,你还远远不如他人,你也需要他人的指导才能做好。这个时候,你还能够指责吗?考虑到初学者的忐忑,也许你会忍住自己的脾气,耐心地教导他们。

站在他人角度想事情,受益的不仅仅是那个得到你帮助的人,还有你自己。因为站在他人的角度,你看问题自然就多了一种视角,比从前更加全面。如果你能站在最多人的角度考虑,就可以一窥事物全貌,巨细无遗。这个时候你也许就会懂得为什么那些得道之人有更多的智慧,就是因为他们曾站在最多人的角度看这个世界,因为他们拥有对这个世界的善意、对他人的慈心。

万事亏转盈缺,切勿庸人自扰

有生活的地方,就会有是非,把它看作正常,你就不会难过。

有个英国女孩嫁给一个英俊的男孩,她是个多疑又爱吃醋的姑娘,整天怀疑丈夫在外花心,每天晚上都要偷偷察看丈夫的衣物,翻看他的手机和电脑聊天记录。

这一天,他在丈夫衣服上发现一根金色的长发,气得问丈夫:"说,这是谁的头发?!你是不是有外遇?"丈夫无奈地说:"也许是地铁上沾到的,我工作那么忙,哪有时间搞外遇。"

第二天,她又在丈夫袖口发现了一根乌黑的头发,她更加生气地问丈夫:"原来你还有个外国情人!"丈夫急得解释:"我的公司没有亚洲人,你别总多心!"

第三天,妻子看到丈夫身上有根白头发,激动地说:"我真没想到你竟然连老太太都要乱来!你气死我了!"丈夫也生气了,大声说:"那是我妈妈的头发!"

又过了几天,妻子没有发作,但每天都是气呼呼的。丈夫问:"这几天你没找到头发,怎么气性更大?"妻子说:"你现在连秃子都不放过了,我怎么能不生气!"

丈夫不再说什么,决定跟妻子离婚。

因为疑心病闹到离婚,这是个笑话,却又以夸张的形式反映了很大一部分人的心态。如果疑心太重,看什么都可疑,就算没有可疑,自己也会在头脑中捏造出可疑的事,然后把事情越想越严重,被莫须有的事干扰,以致推出完全不符合实际的结论,让自己和他人为难。

有一个成语叫"智子疑邻",说的是宋国有一个富人,天上下着大雨,他家的墙被毁坏了。富人的儿子说:"要是不修筑,一定会有盗贼来偷东西。"邻居家的老人也这样说。晚上富人家果然丢失了很多钱财。结果,那个富人认为自己的儿子很聪明,却怀疑邻居家的老人偷了他家的东西。由此可见,一个人难免主观臆测,一旦起了疑心病就很难走出自己的心结。

还有一个成语叫"庸人自扰",说的是那些总是自寻烦恼的人太过昏庸,自己困住了自己。有些人不但喜欢自找麻烦,还耐不住自己的性子,一想到什么烦恼就迫不及待地加重他们,让自己烦上加烦。他们不会求证,不会反思,只会在一种急躁的情绪中拼命钻牛角尖。他们忘了所谓"道",就是抛弃困扰,更何况是那些不存在的困扰。

徐丹是个普通的高中老师,家庭美满,生活幸福,但她天生喜欢操心,总担心哪一天自己或者丈夫失业,一家人没有生活来源。不担心金钱的时候,就开始担心一家三口的健康,怕哪个人突然生一场大病。不担心健康的时候,又担心谁在外面出点意外,万一过马路遇到车祸,走在高楼下被花盆砸中,或者发生地震火灾……徐丹整天担惊受怕,她的丈夫很无奈。

这一天,徐丹又在担心丈夫的工作,丈夫抱着5岁的女儿说:"与其担心我的工作,不如担心女儿,我真担心她。"徐丹说:"担心她什么?"丈夫一本正经地说:"我担心她长大嫁不出去。"徐丹说:"胡说,她还这么小,怎么就担心到出嫁呢!"丈夫说:"你觉得我担心的事没道理,那么你担心的事就有道理吗?既然今天的事都烦不过来,你就别担心明天的事了,谁也不是诸葛亮,走一步算一步,才是普通人的活法。"

喜欢担心明天是典型的庸人自扰,明天究竟如何我们都不得知,私心里我们都希望明天会更好,不过就是有一种人整天担心"明天会更糟"。在他们看来,生活中有太多的隐患会让他们倒霉,也许明天他们就会失业失恋、被偷被抢、遭小人暗算,被亲朋笑话……他们的担心五花八门,甚至为这些还没有影子的事睡不着觉。

从"道"上来讲,明天的确可能发生他们担心的事,因为万事万物都不能遵循人意,意外的确有可能发生。同样地,明天也有可能发生他们希望的事,为什么不想一想积极的一面?至少不要总想着明天要倒霉,心平气和地度过每一天才是最要紧的事。退一步说,就是因为明天要发生什么,今天才更要过好。

万事万物都有一个扭转的过程,人的祸福不是我们能够预测和把握的,但整天拿明天吓唬自己,就辜负了美好的今天。不要为还没有到来的时间过分忧愁,要记得我们修身养性,不是为了担心明天,而是为了成全今天。

心灯亮着,什么路都能走

发自内心的好意,是一种有价值的资产。

一位禅师自幼失明,却在黑暗中取得了一番成就,得到了他人的尊敬。附近的寺庙经常邀请禅师去本寺宣讲佛法。

一次,禅师讲法后与寺里的和尚们聊天,不知不觉已经到了深夜,一个和尚拿起一盏灯笼递给禅师说:"天黑路陡,请您提着这盏灯笼吧。"

禅师说:"我早已习惯黑暗,不需要灯笼。"和尚说:"我知道您不需要灯笼,提着这盏灯笼,是怕别人撞到您。"

禅师说:"我也不会让别人撞到我,每个人心中都有一盏灯,心灯亮着,什么路都能走。"

失去光明的人最需要光明,也最知道光明的重要。他们的光明不在双眼中,而在心中。就像故事中失明的禅师,他用智慧为自己点了一盏灯:他相信未来,即使不能视物,也成为一代高僧;他相信人性,不必担心有人冲撞他,他也不会去冲撞他人;他更相信自己的能力,因为他早已在黑暗中摸索出路径,永远不会迷失。

在我们的心中也有这样一盏灯,这就是我们对现实的承受,对他人的慈悲,也就是一颗禅心。只要这盏灯亮着,我们无论走什么样的道路,做出什么样的选择,都能保证自己不偏离本心,不会被旁骛迷惑,甚至还能引领他人,远离俗世的困扰。

如果一个人的心中没有这盏灯,没有对光明的向往,他就像一个没有方向感的人走在黑暗里,只能慌不择路,无头苍蝇一样乱撞。他可能就此庸庸碌碌,一生得不到真正的智慧;也可能走上迷途,一败涂地;当然,也有可能在迷途中豁然开朗,发现光明的所在,从此浪子回头,将那盏灯握在手中,不再困惑。

街头上,一个琴师带着徒弟正在拉琴,他们每天靠卖艺得到一些赏钱,维持生活。徒弟年纪尚小,且双目失明,琴师已经老迈,即将不久人世。

这天,琴师对徒弟说:"我就要死了,但我从一位高人那里寻到一秘方,可以让你的双目恢复光明。我将这秘方放在琴里,等你拉断一千根琴弦,将秘方取出,就可以看到世间一切。在那之前,千万不可妄动,切记切记。"说罢,闭目而逝。

小琴师含泪将师傅埋葬。从此以后,他每天在街头拉琴,琴艺越来越高,欣赏他的人越来越多。当他盛年之时,已不再是街头流浪的艺人,而成了一位王爷府中的上宾。他依然铭记师傅的话,刻苦练琴。终于有一天,他拉断了第一千根琴弦。

"恭喜夫君,此后可恢复双目!"他的妻子早已知道这件事,此时喜笑颜开。琴师却摇了摇头,对妻子说:"你拿出琴中的秘方,看看是不是一张白纸。"妻子连忙拿出琴中的纸张,果然,纸上没有一个字。

"以前,我一直相信师傅的话,直到成年后,我才觉得师傅也许只是要给我留下一个念想,让我不致绝望。今日一见,果然如此。"

"既然你早就知道,为何还要拉断一千根琴弦?"妻子问。

"因为光明早在我的心中,我辛苦练琴,是为了不辜负师傅的美意。"琴师说。

一生辛苦,却有善心收养无家可归的孩子,临死之前还要为孩子留下光明的希望。故事中的这位老琴师就是得道之人,他为孩子点了一盏灯,从此慢慢长夜,孩子的心有了凭依,有了信念,即使尝尽心酸也不会绝望,最终做出了自己的一番事业。

永远不要把自己的不幸归于命运,要相信世界上有人关心着你。你更应该重视自己,所谓"天意",就是要把握住生命的每一个转折、每一份经历,就是不要放弃每一个机会。心有不平,世人就都是不幸之人;心中喜乐,就是幸运之人。

有时候难免觉得自己正在阴霾之中行走,看不到明天也看不到希望,即使心中还未有放弃的念头,前路看去似只有坎坷与艰辛。这个时候不必想到认命,更不能自暴自弃,要相信福祸相生,走过低谷就会有高潮,何况,我们心中还有不能放弃的理想。

人生路上多风雨,一盏心灯能够温暖我们。真正的"道",就是万事万物遵循自己规律的同时,始终向往着一份光明,所以草木枯萎后仍会繁茂,飞鸟休息后就要高飞,人在盲目急迫之后,懂得回归平静,以更从容的方式享受自己的生命。

厚德的人重谦和, 故不躁

　　人无德不立, 道德是每个人应当具备的基本生存意识, 每个人都应该注重道德的培养, 常常自省, 时时修身。道德如树的根基, 根基越深, 人越安稳茁壮。

　　禅者谦和, 懂得唯宽可以容人, 唯厚可能载物, 不因妄念生躁动, 不以尊卑定亲疏, 温和地对待每一个人、每一件事, 如春风化雨, 润物无声。

人之初如玉璞，厚德者慎独

反省是认知自己的不二法门。

古时候，先贤墨子曾给弟子们讲过生动一课，他将弟子们带进一家染坊，工匠们正在将织好的布放进不同颜色的染缸，浸泡不同时间后，取出晾晒，这样就成了五颜六色的花布。

墨子对弟子们说："你们看这些丝织品，本来是雪白的颜色，放到青色的染缸，就变为青布；放到黄色的染缸，就变成黄布。染缸里的颜色不同，布的颜色就不同，如果一块布进入不同的染缸，就会沾上其他颜色，所以，染布的时候要加倍小心，才能保证布的纯色。"

"一个人的品性就像一块洁白的布，想要染出什么颜色，要靠我们自己把握。"墨子说。

我们生活在一个古老又有底蕴的国度，先贤为我们留下了很多智慧，值得我们研读效法。就如故事中的墨子，从几个染缸几块布料就能看到人性的本质和变迁。每个人出生的时候都如一块洁白的布，在成长的过程中，受父母师长教诲，受他人熏陶，渐渐有了自己的颜色。小的时候，我们还没有形成自己的思想，很难把握布的颜色。当我们渐渐懂事，开始以更高的要求看待自己时，首先审视的是自己的品德。

人无德不立，品德是人格的底座，有什么样的品德，决定你成为一个什么样的人。同样是学者，有道德的人会为人类造福，而道德感欠缺的人却会为社会带来危害。就如同样搞医学研究，有些人研制药品，有些人却研制毒品。一个人万万不可轻忽对道德的要求，因为人的欲念本来就多，不加以控制，很容易旁逸斜出，失去本心。

在智者看来，一颗禅心应是纤尘不染，不论世事如何变幻，心灵始终明净。这就更需要我们有极高的道德水平。在古代有一种提高自己道德的方法叫做"慎独"，就是说在无人看到的地方也要检讨自己的缺点，真正做到从里到外严格规范品行。这种方法历来被人称道，如果每个人都能做到"慎独"，谨慎地对待自己的一切行为，自然可以使心灵合乎道德，不被世俗污染，就如莲花那样虽在淤泥之中却一身清净。

一群弟子询问一位禅师如何消除杂念，禅师反问："院子里有野草，怎样才能铲除？"

"应该用铲子铲掉。"一位弟子说。

"一把火就能将它们都烧掉。"另外一位弟子说。

"斩草不除根，春风吹又生，应该连草带根一起都拔出来。"还有一位弟子说。

"明天我们把院子里的地分为四块，你们按照你们的方法锄草，我按照我的方法锄草，半年以后，我们看谁的方法更好。"禅师说。

半年很快过去了，师徒聚在院子里，发现徒弟的三块地依然杂草丛生，只有禅师那块地长满了金灿灿的稻谷，原来禅师并没有想办法除去杂草，而是种上了粮食。

"人的欲念就像杂草，不论什么方法都无法根除，所以，对抗欲念的最好办法，就是培养自己的美德。"禅师对弟子们说。

想除掉土地上的野草，最好的办法就是在上面种满庄稼；想除去心灵里的杂念，最好的方法就是培养自己的美德。如果每个人都能以"慎独"来要求自己，就能够做到对人对事表里如一，对事对物有原则又不失情谊；有杂念的时候，他们自己知道如何控制，更不会为了外界的诱惑变得躁进使性，忘了自己本来的身份。

人们常常感叹人性莫测，也感叹自己在变化，随着世事无常，变得越来越不认识自己。人为什么会改变本性？因为心躁。生活中有太多不如意让我们急于改变，所以躁；人际中有太多不满却无处发泄，所以躁；事业上有太多目标想要达成却不知要多少时间,所以躁;眼睛里看到太多诱惑想要一一尝试,所以躁……心躁,唯有道德能够加以约束和安慰。

一个重视美德、培养美德的人在任何时候都不躁,他们知道人性最重要的是平,是静,是经得起考验的坦荡,这才是他们的追求,所以世俗不能让他们浮躁。他们的脚步总是稳的,心态也是端正的,他们谦和处世,磨炼自己的品德耐力,就像古诗所说:"洛阳亲友如相问,一片冰心在玉壶。"重视品德修养的人,晶莹剔透,如冰如玉。

独处当自省,见贤当思齐

没有反省的人,永远停留在某一个阶层,没有办法超越。

孟子小时候和母亲一起生活,母亲希望儿子长大后成为一个有道德的人,所以很注重孟子成长的环境。一开始,他们住的房子在墓地附近,孟子经常学着别人痛哭流涕,母亲说:"这不是能够教育孩子的地方。"于是,孟子的母亲决定搬家。

母子二人搬到集市旁,孟子看到那些商人平日买卖吆喝,也跟着学了起来。母亲说:"这也不是能够教育孩子的地方。"于是又搬了一次家。

这一回,孟子的邻居是一位屠户,孟子年幼好奇,经常看屠户杀猪。孟子的母亲又一次带着孟子搬家。最后,他们住在学宫附近,孟子经常看到文雅的官员们经过,也跟着学习那些进退礼仪。孟子的母亲说:"只有处在这个地方,孩子才能学到好东西。"从此住了下来。

"孟母三迁"是很有名的历史故事。人的道德修养不是一朝一夕的事,有好的父母监督、好的老师教诲固然重要,但"耳濡目染"四个字也不可小觑。长久地与那些道德高尚的人在一起,看着他们做事,自己自然也会做那些符合道德的事;相反,和奸邪之徒在一起,则会变得恶毒而不自知。特别是那些没有判断力的小孩子，更要让他们与善人、君子为伴，才能保证他们本性的淳朴，这就是孟母为什么要三迁的原因。

一个重视道德的人，在独处的时候会反省自我，检讨自己的错误。圣人说："吾日三省吾身——为人谋而不忠乎？与朋友交而不信乎？传不习乎？"就是说一个重视道德修养的人每天都要观察自己对工作是否尽职，对朋友是否诚信，是否温习了学到的知识。现代社会节奏快，我们也许无法做到"三省吾身"，但如果能常常以这些标准检讨自己，及时改正，就是难得的对心灵的呵护，也能够保证我们守住自己的道德底线。

独处时候有限，多数时间我们要与他人接触，这也是我们修身修心的大好机会。在别人身上，我们固然看到一些缺点与不足，但同样能看到他们的优点以及人格上的高尚，他们就是我们的活教材。看到别人的好处，立刻学习效仿，这就是古人说的"见贤思齐"。

一位老板正在机场等候班机，因为风雪的关系，班机一再延误，乘客们在候机大厅里喝着早已冰凉的咖啡，心情越来越烦躁。老板的火气也越来越大，训斥起随行的秘书。

突然听到"啪"一声，一位女士手中的咖啡纸杯掉在地上，这是一位穿着华贵、戴着墨镜的中年女士，从外形上看，很像某个女明星。人们不由盯着她那件崭新而鲜艳的衣服，还好，咖啡没有洒在上面。可那位女士却很尴尬，她向周围的人道歉，在手提包里翻着什么，好不容易才找到一张纸巾。只见她蹲下身，认真地擦拭着地板上的咖啡渍。

本来在高声呵斥秘书的老板，突然放低了声音，他突然意识到，一个有身份的人在任何时候都要注意自己的形象，这位女士就是自己的榜样。

"见贤思齐"是指人们看到那些德才兼备的人，就会打心底里希望自己和他们一样。特别是当自己有错误时，看到那些处世更好、行为更佳的人，就像照了一面镜子，立刻意识到自己的不足。就像故事中的老板看到那位端庄的女士，立刻收敛了自己的脾气。

照镜子是我们每天都要做的事，我们需要镜子来提醒自己是否仪容不整，是否有碍观瞻。在品德上，我们也需要常常照照镜子，这个镜子不能是我们自己，因为自己对自己的认识难免有偏差与误区，只有与那些真正有美德的人做个对比，我们才会确切地知道自己的不足。而且这种方法也最立竿见影，不需要你长时间地思考，只要看到好的，立刻效仿，今后一直照着做，简单有效。品德上的修养永远不嫌多，见贤思齐在任何时候都不会出错。

想做到见贤思齐，就要有基本的道德判断力，判断出了错，见"不贤"也去效仿，那就成了悲剧。要善于判断一个人的人品高下，也要善于选择自己的朋友，亲贤者，远小人。和那些高尚的人接触，为人就会日渐厚重，心灵自然会变得越来越高尚。这个时候，你也就成为了一个思齐的人想要接近的贤者，你的一举一动，也成了他人的镜子，他人的榜样。

众生无贵贱，每个人都值得你尊重

智慧高的人，能包容，生活范围就大，每一个人都喜欢跟他在一起。

古时候，一个欧洲小国的国王出外打猎，一队人马越走越远。天黑了，他们赶不回王宫，决定找个旅馆过夜。可是在荒山野岭，哪里去找落脚的旅馆？这时，国王看到远处有一户简陋的农家，就对大臣们说："我们就在那间屋子过夜吧！"

负责礼仪的大臣说："陛下，如果有人知道尊贵的国王住在这么简陋的屋子里，会降低您的威望，请您三思。"国王说："一个国王去农户家居住并不会降低自己的尊严，只会提高那个农夫的威望。"说着带着大臣们去农家投宿。

农民和妻子听到国王要来住宿，都很紧张。没想到国王是个谦和的人，不但不挑剔粗陋的饮食和被褥，还很温和地对一家人问寒问暖。第二天走时，还送了很多礼物作为答谢。这件事传了出去，人们都赞叹国王是一位礼贤下士的君主。

一个内心有禅性的人，必然知道众生平等。不论对方是国王还是农夫，本质上没有什么区别。一个国王倘若知道农夫的不易，他就会变得谦和并让人敬仰；一个农夫如果以不卑不亢的态度对待国王，他自然也会为人叹服。世界上任何两个人都可能成为朋友，关键在于你愿不愿意从心里尊重对方，试着理解对方，懂得欣赏对方的长处，愿意体谅对方的难处。

"众生平等"有时听起来有点高高在上，我们不是高僧，只以普通人的眼光和身份来看，这句话的意思就是尊重他人。尊重是交往的基础，每个人都有自己的尊严和人格，谁也不愿意被人小看，如果你做不到，你就不可能得到他人的尊重。有德的君子为人处世最谦和，他们懂得尊重他人，因此也就成了他人钦慕并愿意结交的对象。

他人和你没有什么不同，你们也许有不同的性格、爱好、地位、成就，但却同样遵循生老病死的自然原则，重复盈满则亏的人生法则。他人手里拥有你没有的东西，你手里的东西也让他人羡慕，没有谁是最优秀的，每个人都有他的长处和好处。所以不必盲目地崇拜别人，也许你崇拜的只是一个表象；更不能粗鲁地轻视别人，你所轻视的也许远胜于你，只是他谦和有为，不屑于和你计较，若你不知底里，别人只会嘲笑你的短视。

在一家大公司，销售部的马经理最有威望，深得上司器重、下属佩服。这让同等级的其他经理们很不愤。有位狄经理就常常在老总面前打小报告，老总听得不耐烦，对狄经理说："马经理做得好自然有他的道理，你为什么不能学习一下他的优点？"

"我觉得我们资历相当，我去年的业绩甚至比他还高。"狄经理和老总有亲属关系，说话不必藏着掖着，坦率地抒发着心中的不满。

"业绩高只是一个方面，经理更需要团结员工、鼓舞士气，这对一个公司才是最好的。就拿与下属的关系来说吧，你让下属去办事，总是一副上司对下属的命令口气；马经理呢，总是客客气气，经常说'有件事想拜托你'这类的话。员工做错了事,你不问青红皂白就是一顿骂;马经理呢,像长辈一样帮人家分析错误,制订下次的计划——你如果是一个员工,更愿意跟着哪位经理?"狄经理被老总说得灰溜溜的,没回一句话。

平易近人是一个领导者身上很重要的素质,它不是必需的,但如果有了它,就能让人如虎添翼。一个人的形象靠的不仅仅是他的成绩,人们更看重他的行为。想要获得尊严,就要以自己的实际行动让人信服,在高位时懂得礼贤下士,就算是不起眼的人,也对对方礼让有加;在卑微时不看轻自己,不巴结奉承别人,这样的人怎么会不让人尊敬?

每个人都希望有和谐的人际关系,因为个性和爱好的差异,我们也许不能和所有人成为朋友,但我们应该试着和身边的人友好相处。人际交往虽然是一个双向活动,但你可以掌握主动权,你的态度能够为你们的关系定下基调:是平等的朋友,还是泾渭分明的陌生人?或者是彼此看不顺眼的对手甚至敌人?

一个谦和而真诚的人走到哪里都不会让人厌恶,认真地与他人相处,仔细观察他人的优点,每个人都有值得尊敬的地方,把这种尊敬当做你们交往的切入点,他人自然能够感受到你的诚意,也会为你的尊敬而开心不已。一个有道德的人永远不会看轻别人,他们牢记这样一个准则:想要获得他人的尊重,就必须先尊重他人。

自以为是之人,是没有底的玉杯

永远不会认错的人,就是永远照顾自己缺点的人。

有只驴子读过一些书,认识不少字,很多动物称赞它有学问,它就以为自己是世界上最有学问的。它经常自以为是,对动物们指指点点,以炫耀自己的才学。

这一天，驴子遇到了一只夜莺，这只夜莺是森林里著名的歌手，她声音甜美，唱起歌来令听众陶醉不已。夜莺有礼貌地跟驴子打了招呼，驴子说："夜莺啊，我早就想和你说说话，你是这森林里最有名的歌手，但在我看来，你唱歌也不是十全十美。"

夜莺欢快地说："世界上没有十全十美的歌手，我也很想知道自己的缺点，如果你愿意就给我提提意见吧！"驴子一本正经地说："我认为你唱歌的确不错，可是，你的声音没有公鸡洪亮，你听过公鸡打鸣的声音吗？如果用那种声音来唱歌，那多么震撼人心！我觉得你应该考虑拜公鸡为师，学习一下打鸣的技巧。"

驴子的这番话说完，夜莺很客气地道谢，其他的动物都哈哈大笑。没多久，整个森林都知道了驴子的这番高论。但驴子仍然以万事通自居，走到哪里都要指指点点。

自以为是的人常常让人哭笑不得，他们总以为自己是万事通，凡事看到了就要掺和进去，发表自己的一番"高见"。不过，这种人就像故事中的那只驴子，对根本不了解的事说三道四，让人笑话。实际上，当他们侃侃而谈，说得头头是道的时候，大家都知道他们在不懂装懂。他们说的话，只能当做胡说八道，谁也不会重视。

人的学识就像一个容器，最好的应是那种庄严的大鼎，不但有容量，而且有重量，看到的人既了解他们的分量，又不能轻易猜测出他们的底细。而那些喜欢夸夸其谈的人，他们的学识就像玉杯，让人一眼就知道底里。更糟糕的是，因为他们太爱张扬炫耀，这个玉杯连底儿都没有，什么也托不住，只给人留下肤浅的印象。如果一个人不能妥善对待自己的才学，就会成为没有底的玉杯，让人遗憾。

自以为是的人会在不经意间得罪他人，对人际关系没有半分好处。因为他在炫耀学识的时候，必然会有真正的有识之士发觉，出于尊重，他们也许不会出言指正，但在心理却难免轻视这种浅薄之人。而且处处以自己的意见为重，难免和人发生冲突，以肤浅的学识去抗衡深厚的学识，自己还没有自觉,这样的人走到哪里都会被人笑话。

章华永远记得年少时,班主任为学生上的一节特别的课。那一天班主任宣布课外活动,带着学生们走到野外。那时正是秋天,麦子成熟,老师对学生们说:"这麦田一望无际,但麦子的质量却不一样,有些麦子割下来是实心的,有些里边却是空的,这种麦子就叫稗子,你们知道麦子和稗子有什么区别吗?"

学生们纷纷摇头,老师说:"你们仔细观察,田里的麦子有何不同?"

"有的抬着头,有的低着头!"有学生说。

"没错,那些低着头的麦子就是实心的,因为它们有内容,也有修养,它们知道自己的一切都来自于大地,所以将头谦虚地朝向大地。而那些昂着头的就是稗子,它们没有内涵,却骄傲自大,所以将头朝向天空,唯恐别人看不到。你们今后一定要注意,不论有多大的本事,都要像麦子一样谦虚,否则,就会成为没有多大用处的稗子。"班主任说道。

孔子说:"知之为知之,不知为不知,是知也。"想要得到真才实学,就要像麦子一样低下头,这样的人才厚重。那些对事情一知半解便开始扬扬得意的人,也许有人会被他们那故作高深的外表蒙蔽,但他们却会在真正的行家面前露出马脚。

对待知识我们需要一种谦虚的态度,知道就是知道,不知道就要虚心学习。不要以为别人不如自己,别人那里永远有你不了解的知识,你需要做的是把它们收为己用。还有,自欺欺人最不可取,因为世界上没有那么多傻瓜,更多的时候是别人不说,在心里拿你当傻瓜。

和人相处我们更要有谦和的心态,术业有专攻,没有人能样样全能。每个人都有特长,在自己不擅长的方面,切不可摆架子,要做到不懂就问,一知半解只会让自己更加无知。懂得了什么也不要急于表现,要做一个有学识并且有道德的人。品德若是与学识相辅相成,就像陈年美酒,越是沉得住,越是香醇浓郁,让人向往。

低进尘埃，方能开出花朵

多用心听听别人怎么说，不要急着表达你的看法。

某大学教授在讲授选修课，几周之后，他发现听课的人越来越少。这一天，他提早结束课程内容，和学生们谈话，他问学生："为什么大学生这么爱逃课？"

"因为大家都觉得老师讲课没意思，还不如去自学。"学生们说。

教授听完说："现在的学生真让人无奈，当年我在北大，生怕错过老师的一堂课，每堂课都早早去占位置，唯恐漏下一句。难道他们不知道人外有人，天外有天？"

"恐怕就是如此。"有学生说。

"年轻人搞学问就好比种花，如果不把自己埋在土里，让人灌溉，如何能开出花朵呢？可惜可惜。"教授叹息。教授的这番话被学生传了开来，不久之后，课堂里的学生越来越多。想来是他们听了教授的话，觉得有道理，纷纷回到课堂。

现代社会难免浮躁，每个人都希望自己能够尽快脱颖而出，多数人迫不及待地想表现自己，处处张扬，唯恐别人看不到自己。故事里的老教授希望总是逃课的学生能有谦虚的心态，把自己当做一颗需要浇灌的种子，而不是早早开放的浮躁花朵。

在浮躁的心态下能有什么样的好成绩？我们举个简单的例子，来算这样一笔账：古代人想要功成名就大都"十年寒窗"，如果两个书生，一个在十年之内不断读书，不断积累学识；另一个有些天资，在读书的同时不断走亲访友，拜谒名人。十年之后，谁的学识更深厚？答案很明显，前者也许金榜题名，后者也许成了王安石笔下的那个方仲永。

事情不能一概而论,也许后者又懂读书又懂与人交际,和前者一样得到功名。这时候,前者因为历年来养成的习惯,继续刻苦读书,并对工作勤勤恳恳;后者呢,多年来的习惯让他继续半调子式地读书,更加勤奋地找关系。再一个十年,前者如何?后者如何?最后究竟谁会有真正的学识、真正的底蕴?答案不必说。

青年画师年少得志,成为皇帝的御用画师。他听说长安城外有座寺院,里面有个禅师画画很好,堪称国手,很多大画家都去向他请教,就去拜访那位禅师。

年轻人对禅师说:"我一直想拜一位出色的画者为师,也见过不少画家,发现他们都很平庸,还不如我这个初出茅庐的年轻人。"禅师说:"你远道而来,一定口渴,来喝杯茶吧。"

年轻人拿起茶杯刚要倒茶,禅师却说:"错了,错了。你应该拿着茶杯,向茶壶里倒茶。"

"怎么能用茶杯向茶壶里倒茶,禅师你糊涂了吗?"年轻人说。

"原来你也懂得这个道理。那么,你始终把自己摆在比其他画师高的地方,总是认为自己比他们更厉害,这不就是茶杯以为自己能向茶壶里倒茶吗?"

年轻人听了,大为惭愧,从此虚心向人求教,画技果然突飞猛进。

眼高手低是年轻人的通病,凡事说得好,心气高,真要做起来却并不是那么优秀。这样的人不是没有才能,不是没有前途,只是他的才能并没有他想得那么多。如果再不知道虚心的重要,拒绝接受他人意见,他们的前途自然也不会像自己想得那么好。

就像故事中的禅师告诫年轻人要当一个茶壶下的茶杯,想要进步,最重要的是先把自己放低,你的眼光应该在最高处,但你的心态一定要在最低处,随时接受他人的教诲,随时补充对自己有益的各种知识。没有人肯对一个高高在上的人说教,你的态度谦虚,别人才愿意指教你,你越真诚,越能得到真知识。同时,也不要随随便便对他人说教,也许你的意见根本没有建设性，多听少说，谦虚的人都知道耳朵比嘴巴更重要。

西方一位哲学家说："想要到达最高处，必须从最低处开始。"有了一点成绩就飘飘然的人做不了大事。总以为自己的成绩多么了不起，就是限制了自己的目光，看不到别人的优秀。想要做大事必须学会"手低"，善于做小事，把每一件具体的小事做好，以此去实现自己的远大志向。正视自己，保持谦虚，这就是做大事者必备的心理素质。

给他人面子，就是给自己余地

不责人小过，不发人隐私，不念人旧恶，三者可以养德，可以远害。

华歆是三国时的名士。有一次他当了大官，他的朋友们前来送行，送了不少贵重的礼物给他。华歆为人清廉，不愿接受众人的礼物，但他又不想扫了众人的面子，于是就在礼物上写下送礼人的姓名，原封不动地放在家中。

华歆离开家去上任的那一天，设宴款待亲朋好友。酒过三巡，他真诚地对朋友们说："谢谢各位的好意，为我准备了如此多的礼物。可是，我马上就要远行，如今世道不太平，带着这么贵重的东西，恐怕有闪失，不但辜负了各位的心意，还可能招致祸患。各位愿不愿意为我的安全考虑，拿回自己的礼物？"

亲朋好友听了这番话之后都明白了他的意思，于是大家各自取回礼物，对华歆的敬意也油然而生。

为人处世是一门学问，一个有道德的人要保证处世不违背自己的原则和良心，这只是基本要求。如果我们把要求提高一些，就要在不违背良心的基础上为他人考虑，尽量照顾到他人的自尊和面子。就像故事中的华歆不想收朋友们的礼物，就找到"人身安全"这个理由，既有说服力，不伤害亲友们的好意，又保证了自己的廉洁，这就很值得敬佩。

一个人能力有限，做不到事事周全，但要尽可能做到相对周全。一个有德之人不会罔顾他人的好意，所以在很多问题上，不能只考虑自己的喜好、自己的利益、自己的原则，你可以选择用一种委婉的方式拒绝对方。但万万不可强硬唐突，伤了别人的尊严，也损害了你们的关系，更可能招来他人对你的怨恨。

给他人面子是社交的常识。在公共场合，人最重视的就是自己的自尊。"人活一口气"，每个人都有气性，你做事不给他人面子，有涵养的也许能够宽容你，多数人却会在心里暗暗恼怒，想着早晚有一天要以牙还牙。所以凡事不要太较真，凸显自己、压低他人无异于没事找事，而给他人面子就是给自己回转的余地。

在美国南北战争时期，北方部队由格兰特将军率领，南方部队由李将军率领。后来南方部队投降。按照惯例，李将军要在受降仪式上向格兰特将军投降。

受降仪式后，格兰特将军对自己的部下说："李将军是值得我们尊重的将军，他被俘的时候异常镇静，穿着整洁，仪表堂堂，气度不凡，而我这种穿着普通军装的矮个子，在他面前真是相形见绌。"

这件事很快传遍美国，大家都说，格兰特将军不但有胜利者的实力，还有胜利者的气度。

胜利者能得到荣誉，但决定人口碑的不是一项荣誉，而是更内在的东西，这就是人的品德。故事中的格兰特将军就是一个德才兼备的人，他为南北战争立下汗马功劳，已经能够让他名垂青史，更让人敬佩的是他对对手的礼让与尊重。唯有一个真正有底蕴、真正有自信的人，才会尊重对手，才会时时保持谦虚。

有些有了成绩的人喜欢摆架子，别人还没有高看他们，他们首先要把自己捧得高高的。他们所希望的不过是被人仰视，享受胜利的快感。这种心态虚荣而且浮躁，偏离了君子"不骄不躁"的道德准绳。要知道一个人不可能时时成功, 那些失败者未必比你差, 即使是你的手下败将, 也会在某一方面比你强很多。迫不及待地显示自己的胜利, 只会让人看到内里的虚弱, 哪个真正的胜利者需要出口夸赞自己?如果那胜利真的深入人心, 夸赞你的应该是别人。

对待成绩要谦和, 重要的不是你过去做过什么, 而是你未来能做什么。成绩再好, 也已经属于过去, 有智慧的人永远向前看。何况比起未来, 你现在的成绩并不算什么。有德行的人在成绩面前不会掉以轻心, 他们会让自己更勤勉一些, 更谦虚一些, 唯有如此, 才能真正消解心中的浮躁, 平稳地到达心中的目的地。

毁灭人只需一句话, 不要口出恶言

伤人之语, 如水覆地, 难以挽回。

一位老诗人正在一所大学为学生们演讲。老诗人年事已高, 声音有些颤抖, 他所讲的那个理论也还停留在几十年前, 早已过时。出于对老人的尊重, 观众们用心地听着, 不时报以掌声, 这时一个学生大声说: "讲的东西早就过时了!这样的诗歌放到现代根本没人会去看, 更记不住。这些东西也只有老古董会去读几行!"

现场的气氛冷了下来, 老诗人的双唇颤抖, 好不容易才把演讲稿读完。观众们都对那个学生投以冷冷的目光。演讲完毕, 老诗人伤心地乘车离去, 据说回家后一直很沮丧。那个学生听说这件事后, 很后悔自己的失言, 他想向老人道歉, 又知道道歉于事无补。只能盼望这位老诗人早日想开点。后来, 老人通过别人知道了他的后悔, 托人转告他说: "不要在意这件事, 我已经不去想它了, 你也忘了它。今后说话要考虑别人的心情, 不要无缘无故地伤害别人。因为你眼中的错误, 可能是别人一辈子的坚持。"

良言一句三冬暖，恶语伤人六月寒。故事中年轻学生的一句话，让年老的诗人伤心不已。学生只是年少无知，太不会顾及别人的心情，老人最后虽然原谅了他，但内心的伤口其实并不能弥补。有时候一句不经意的话，就会毁掉他人的心情、他人的自信，甚至他人的生活，所以说话之前要多多考虑，不要口无遮拦，伤害他人的感情才好。

言者无心，听者有意，说话时要考虑别人的心情。一句话对你而言，也许不包含判断，不包含爱憎，仅仅是一句话而已；但在别人看来，那可能是一句让他心里觉得别扭的讽刺，也可能是恰好踩到他痛处的挖苦，有时候还可能成为他评价你的依据。人与人交流靠的是语言，不重视语言，话拿来便说，丝毫不考虑后果，实属不智。

言为心声，对他人口出恶言的人，心中少了对他人的善意。试想一个人如果真正为他人着想，会不会丝毫不考虑他人感受随便说话？也有一种人是刀子嘴豆腐心，嘴巴厉害心肠软，这样的人相处久了，了解的人也会与他好好相处。但终究不如那些会在言语上多加重视，从来不出口伤人的人来得亲近。和这样的人相处，得到的是一种精神上的安慰，他们永远会以温和的态度与你交流，即使提出批评，也会让你乐意接受。

作为森林之王，狮子是一个讲究领导艺术的统治者，它从不让自己的臣民难堪，即使提出批评，也会选择最容易让人接受的方法。

一天，山下的农民跑来告状，说山里的猴子偷走了田里的玉米。狮子表示它会处理这件事。它让人叫来猴子，对猴子说："去年一年，因为我的领导失误，森林里发生了很多事，我没有带着大家得到更多的粮食，导致你们一家吃不饱饭，只好去山下拿一些玉米给家里的老人填饱肚子……"

猴子没想到国王如此体贴下情，它感动地说："的确是我们不对，不应该去偷农夫的玉米。今年我们会更勤恳一点，不再让这种事发生。"最后，猴子满面笑容地出了王宫。一次"批评"，让动物们对国王更加心悦诚服。

批评人最需要技巧，否则就是不被人欢迎的指手画脚，还常常招来他人的抵触心理。故事中的狮子首先检讨自己，然后再说别人的不是，用自己的虚心换来他人的虚心,这就是会说话的人。会说话的人他们把交谈当做一种艺术,注重的是沟通的效果。

　　耐心与平等是友好沟通的基础,不论是夸奖别人还是批评别人,切记不要说"过"。想要夸奖一个人,用平和的语言、真诚的态度会让被夸奖人得到信心和鼓励,看到自己的价值和作用,这样的夸奖人人需要、人人喜欢。但如果总是夸奖,夸过了头,就成了让人警惕厌烦的奉承。想要批评一个人,如果能够推心置腹,处处为对方考虑,诚恳地与对方交换意见,自然能让人心悦诚服。如果高高在上,就会让被批评者产生逆反心理,甚至会把你的好心当做恶意。你开的是良药,人家没准当做炮弹,记恨于你。

　　一个有德行的人要留心自己的言语,不要说不该说的话。不该说的话有三种:流言、闲言、他人的缺点。流言就像空气中的鸡毛,你说了就再也收不回来,你也成了传播是非的人,会遭人鄙视;闲言是无聊人士茶余饭后的谈资,你也许不能不听,但不要跟着参与,因为你并不了解事情,没有发言的权利;他人的过错如果在他面前说,那是批评;在人的背后说,就不是君子所为,必须避免。任何时候都要让自己的语言符合自己的品德,语言是为了交流产生,一定要把它当成维护人与人关系的工具,而不是伤害他人感情的利刃。

忘我的人不会被他人忘记

　　高尚的布施,不在于财物的多寡,而在于高尚的布施心。

　　在一条街上,流传着一个"孤儿老人"的故事。这位老人心地善良,一辈子先后收养了几十个无家可归的孤儿,供他们上学读书。这位老人的善行让人们感叹,人们自发捐款,为老人募集了一个"孤儿基金",以减轻他的压力。

有电台记者来采访老人，问老人为何有如此善举，老人说："因为我曾经是个孤儿，是一对好心的老人收养了我，让我上学。我的养父母早已去世了，但我常常想起他们。"

如今，老人已经去世十年，他的名字依然被这条街上的人铭记着。人们用他的事迹教育自己的孩子要做一个善良的人，把爱心传递给更多的人。

爱心最能体现一个人的品德，故事中的老人并不富裕，也没有做出过丰功伟绩，但他的名字却一直被人们纪念。比起世间的名利，人们最重视的始终是一份真情，人们最尊重的始终是一颗肯为人着想的高贵的心。

据说在伦敦的一些教堂前，人们会习惯性地把口袋里的零钱扔在草丛和石子路上，过往的行人也不会捡起来据为己有。这些钱是为了给那些贫苦又非常有自尊的孩子的，这点点滴滴的爱心折射的是人们无私的灵魂与对他人的同情。

我们每个人的成长都离不开他人的爱心，从小到大，有多少素不相识的人曾经帮助过我们？当我们摔倒的时候，扶起我们的也许是并不认识的人；当我们有困难时，给我们援助的也许是根本没有来往的人。他们没有义务帮助我们，仅仅是因为他们有一颗爱心，看到弱小忍不住帮忙，看到旁人陷入困境，不愿袖手旁观。

这样的爱心存在于每个有德者身上。有爱心的人待人温和，他们愿意让自己也让他人相信人与人之间的关系是美好的，人情味是可以超越功利性而存在的。爱心是一条纽带，把陌生人连在一起，也能让那些孤单的人感觉到温暖，让那些愿意给予的人察觉自己的价值。

两个富翁同时到了天堂，他们是多年前的朋友，后来做各自的生意，到了不同的国家，再也没有联系。此刻，他们相逢在天堂门口，不禁感叹各自的遭遇。他们看到对方穿着朴素的衣服，都诧异地问："你看上去怎么这么贫穷？"

一个说："一直以来我都是个富有的人，我把赚来的钱全部换成金条存在我的地下室。可是前段时间，我所有的金条都被盗贼盗走了，我成了穷光蛋。而我死后，也不会有人记得我，我觉得我的人生非常失败。"

另一个说："我也曾经是一个把钱全都藏起来的人。晚年的时候我生了一场大病，医生好不容易才把我救回来。我突然觉得人一死，拥有多少金钱都没有用，所以我决定把它们分给那些更需要的人。死之前，我已经捐出了自己所有的财产。相信不久之后，世界各地都会有以我的名字命名的慈善基金。"

两位富翁，两种人生，一个将财富用于帮助他人，一个将金钱放在身边直到两手空空。实际上世界上的一切都只能短暂地存在于我们手中，与其抓住不放，不如用它们去帮助更多有困难的人，这就是善良，就是善待他人。

有德者慷慨。古语说："路行窄处，留一步与人行；滋味浓时，减三分让人食。"善待他人也是善待自己，就像一条窄窄的路，如果能为迎面走来的人留一步，自己也能很快通过；相反若是寸步不让，只会耽误自己的时间和他人的要事。

善待他人的人经常忘我，也许他们并没有忘记自我，只是为了帮助别人，忽视了自己的利益。他们的善行会被那个被援助的人牢牢记在心里。为什么说"好人有好报"？就是因为当好人遇到困难时，那些曾被他帮助的人都会同情他、援助他，因为每个人都有最基本的良知。

良知是道德的基础。一个德行深厚的人不会对个人利益斤斤计较，他们身上没有这种浮躁气息。相反，他们更看重他人的利益，体谅他人的不幸。在这个功利而浮躁的时代，想要有一颗禅心就要谦和对人，谦虚处世，把"道德"摆在最端正的位置。如此一来，才能在众人汲汲营营之时，保持心中的那份坦然和慷慨。与人为善，让人如闻琴瑟，如沐春风。

明理的人放得下,故不痴

常言道:"酒足狂智士,色足杀壮士,名利足绊高士。"世人放不下酒色财气,所以成痴,唯有放下才是灵魂的出路。所谓"放下"不是放弃责任,而是完成责任,同时解脱心智。

禅者明理,万事万物都遵循着一定的法则,不会错误地执著于一事一物,也不会过度苛求他人。他们放下的是痴念,得到的是无负荷的心灵、海阔天空的人生。

世事无常乱纷纷，明理者心宽

身安不如心安，屋宽不如心宽。

一个青年坐在村口不住地叹气，有位禅师经过问道："后生，你为何长吁短叹？"

"大师，我叹世事无常，人生不如意之事良多。我本是一书生，寒窗之下，只待有朝一日金榜题名，谁知近日我朝战事不断，村里的男子都将应征入伍。"

禅师听罢，劝道："世人寒窗苦读，不过为一朝功名，战场之上依然能取得功名。"

"可是，我就要远离家乡。"青年说。

"远离家乡，也许赴塞外，也许戍北海，也许你被派到战事不紧的北海。"禅师说。

"那如果我被派到塞外苦寒之地呢？"青年说。

"塞外苦寒，亦可陶冶情怀，增长见闻。"禅师说。

"可是，如果我上了战场，刀剑无眼，死于战场怎么办？"青年说。

"死于战场，便归于大道，从此无知无觉，再也不必惊惧，所以施主无须烦恼。"禅师说。

青年听罢，深以为然，果然放下心中重担。

人总是习惯为命运担忧，从眼前一事就能想起万千烦恼，没个了断。故事里的书生说人生不如意的事太多，却不能在不如意中看到机会，一味认为自己时运不济，这种太过笃定的念头可称之为"痴"，也可叫做"执"。对一件事、一个想法太过坚持，就会把路越走越窄，再也不能心宽明理。可世间诸事纷纭，若不能心宽以待，怎能有豁达与舒坦的心境？

　　什么是明理?在古代，"道理"并不是一个词，而是两个。"道"，是我们前面说过的事物遵循的深层法则;"理"，则是那些表面现象。到了现代，"理"的意思越来越宽泛。"明理"，既是知晓事理，也是通情达理。故事中的老人既知"道"也明"理"，他看事物不只看表象，还会推出前因后果，一旦看得明白，就不会有那么多担心——路在脚下，有时间担心，不如赶快赶路，寻找机遇才是正题。

　　有禅性的人明理，有什么事值得人们愁眉不展、郁郁寡欢?不过贪嗔怨怒，贪念让人迷失心智，不懂知足;嗔怒让人肝火上升，伤神伤身;怨恨让人心生恶意，害人害己……人生的烦恼不过这些，一切都来自于自己的执念。执念一产生，便如种子植在心中，随着年岁枝繁叶茂，难以根除，甚至会被某些人视为生命意义之所在，忘记生命中还有其他重要的事。

　　古时候，有个官员担任要职，每天衙门里的大事小情如乱麻一样，让他心烦意乱。不但公事操劳，家里一个正妻、一个小妾、五个儿女常常争吵，也让他心力交瘁。这一天，他独自骑马到城外散心。看到绿草丛边有个牧童正在吹笛子。官员坐下来与那个牧童交谈，他对牧童说:"我真羡慕你，你只要放放羊，吹吹笛子，就能很快乐。"

　　牧童问:"谁不是这样呢?难道你不是?"

　　官员说:"我不是，我就算来到草地上，吹着笛子，心里也想着烦心事，不能解脱。"

　　牧童说:"那么，难道这些烦心事是绳子，能绑住你的手脚吗?"

　　官员说:"它们当然不是绳子，不能绑住我。"

　　牧童说:"既然它们不能绑住你，你为什么不能解脱?"

　　官员静默不语，继而大悟。

　　世间烦恼并不是绳索，人们却心甘情愿地被它捆住，不知是烦恼缠人，还是人抓着烦恼不放。烦恼也常常有美丽的外衣，比如娇美的容貌，比如殷富的地位，比如人尽皆知的名声。人们得到它，也要收下它负面的部分，越到后来，越是看到负面的部分，以致自己心烦意乱。倘若人们能够明白事理,客观地看待世间一切,至少不会为了事物的负面因素烦心。

明理的人心宽,对人对事看得开。在享受的时候,他们并不是不知道福祸相倚,今日的舒坦也许意味着明日的苦难,但他们不会为了明日的烦忧干扰今日的快乐。不论祸福,他们担得起,不论喜悲,他们放得下。在他们看来,"痴"固然重要,该洒脱的时候也要洒脱,该放下的时候仍然紧紧握着,未免有些小家子气。

修禅的人明理,因为禅义本就包含世间道理,教导人们看透事物表象,可以用心于生活,不可过痴过执。他们追求的是生命的宽度,而不是对一个"点"镂而不舍,那不过是陷进去,再也拔不出来。生命有限,要体会的事太多太多,心宽的人才能容纳人生更多的风雨。世事无常,做个明理的禅者,便可于纷乱中觅得清净与智慧。

多一物多一心,少一物少一念

人的心若死执自己的观念,不肯放下,那么他的智慧也只能达到某种程度而已。

中国有个贤人叫许由,许由是个通达之人,平日不喜俗物,也没什么烦恼。有一次他在河边用双手捧起水来洗脸,有人看到后,好心送给他一个水瓢。许由用了后将水瓢挂在树枝上。风吹过来,许由认为瓢发出的声音让人厌烦,就将瓢还给送瓢的人,继续用双手洗脸。

传说上古明君尧倾慕他的才能,愿意将天下交给许由治理。可是许由认为尧治理天下很合适,自己不想要这个负担,就拒绝了尧。可见,在圣人眼里,多一物就多一心。

许由是上古有名的贤人,他连天下都不要的风采一直令后人追慕不已。许由是不是没有追求的人呢?不是。只能说他不追求世俗之物,他所追求的一直是心中的清净，这也是心灵的最高追求。像这样只追求自己想要的东西，别的都放在一边不予理会的人，自然烦恼少。

在现代社会，即使是修禅者，也不能说自己完全切断万物，没有任何追求。人要生存，就要追求合适的谋生手段；人要感情，就要追求合适的心灵伴侣。追求并不等于杂念，也并不与禅的要义相违背。只是人们渐渐发现，拥有的东西越多，负担就越多；想要的东西越多，就越成为心灵的负累。就像一个人背着背包，如果放进太多东西，就成了负重行走，脚步越来越慢，心境越来越不明朗，开心也离自己越来越远。

可是人们很难放开已经到手的东西，这就是前面说过的"痴"；"痴"如果更进一步，就成了贪，它们的表现都是对某种事物的过度偏执。人生在世，每个人难免会有偏执的念头，已有的东西牢牢握在手里不肯放开。舍不得早已成为负累的旧物，就不能抓起生活必需的新物，也得不到两手轻松的宁静。一切烦恼都来自不如意，一切不如意皆来自偏执，可见人们什么时候懂得放下，什么时候才能远离烦恼。

古代有个大官，住在一所大宅子里，却经常觉得心烦意乱，很想寻个清静。但他发现天地之大，清静之地难寻，只好请一位高僧为他指点迷津。

高僧听完官员的烦恼，对官员说："大千世界，让人心烦的事很多。比如您身边这几位侍妾，每个人都佩戴着珠玉钗环，发出响声，人一多，您自然觉得心慌意乱。不如让她们摘掉这些珠玉首饰。"官员依言而行，果然觉得耳边清静了不少。

高僧继续说："人生在世，人人求富贵，即使身上摘掉了珠玉，心里想的仍是珠玉。只有将心里的杂念扔掉，才能如这房间一样安静。"

官员终于明白了自己心烦气躁的原因。从此，他勤恳于公务，却不再醉心于功名，果然神清气爽，人们也越发敬重他。

世人常说想要觅一方清净天地之处，可以暂时远离俗世烦扰，可是桃花源迄今还没被发现，周围处处有烟火气，这"清净"总是无处可找。就像故事中的官员，眼看着簪环玉佩，功名利禄，哪里还有清净？可见拥有的东西太多,就会让人心烦气躁。

能够拥有是一件好事,或者证明了你的能力,或者证明了你的运气。但拥有太多却是一种负累,何况我们拥有的并不是属于自己的东西,我们只是暂时的保管者,不如顺其自然,让它们也能发挥最大的作用。能够放下,于人于己都是一种轻松。

少一份拥有便少一份执念,这不是要求人们做到一无所有,而是告诉人们要选择最重要的放在手里,而不是一堆零碎的边角。明理的人看得明白,人生所追求的不过那么几样东西,其余的都是附加,什么时候看透这一点,什么时候懂得专心致志。多一点也许不是坏事,但少一点却意味着轻松和更多的可能。人生道路漫长,要常常给自己减负,才能轻装上阵。

人生贵在执著,错在过分执著

若你的心中有一念强而有力的执著,你就没有别的空间去接受更好的意见。

一个妇女跑进佛堂,找到住持诉说烦恼。她的丈夫经常辱骂她,婆婆也常常虐待她。妇女对住持说:"我从小就信佛,相信因果,难道我这辈子就要忍受这种命运吗?我是个善良的人,难道要忍受一辈子打骂,然后换得来世的幸福?"

住持说:"这就是人们对'佛'的误解。佛法希望解放一个人的心性,让人善良,让人自在。但你过于执著于善良与忍耐,凡事都忍。其实为了正确的事,你也可以不必忍耐。人贵在执著,但过分执著就成了生活的障碍。执念,正是修为的障碍。"

妇女的遭遇让人同情,却也让人想要问上一句:"你为什么不反抗?你的善良已经接近病态。"即使是最懂得宽忍的佛家子弟,也明白人可以善良,但不能凡事都忍,丝毫不维护自己的利益。这种对善良的执著已经走向了懦弱,不再是善良。

过犹不及,世间万物都是如此。过分看重金钱的人,常常成为金钱的奴隶;过分看重名利的人,为了更高的位置不择手段,毁了自己的未来;过分看重安逸的人,就会贪图享受,不思进取;过分看重所谓的"人品",就会无法接受他人的缺点,与世俗格格不入……执念太深,就变成了执迷不悟。执著让人专注,让人奉献,却也让人迷失。

人需要有一些执著精神,否则凡事浅尝辄止。看到有兴趣的东西就去尝试,遇到一点小困难就放弃,这就是不够执著的表现。而执著的人知道毅力的重要,他们一旦有了兴趣,就要弄懂弄透,不会害怕困难,更不会半途而废。他们大多是成功者。

执著与过分执著有什么区别?拿登山为例,有些人不过到了半山腰就下去,这是半途而废者;那些真正攀登到山顶,享受了会当凌绝顶的快感,留下了美好回忆,然后下山去攀登另一座高峰或者去做其他有用的事的人,就是执著者;那些好不容易攀到山峰,从此留恋不已再也不肯下山,或者到了半山腰,明明前方再也无路可走,宁可在山腰上抱怨也不肯下山的人,就是过分执著。

一个年轻人读过很多书,写过一些被人称赞的诗歌,自以为是个天才。他想要得到更高的地位,受到更多人的关注,他对自己的现状越来越不满,于是陷入了痛苦之中。

年轻人的父亲见儿子愁思不展,就对儿子说:"你这么不开心,不如放下工作,和我一起去海边走走吧,也许海边的风景能令你恢复活力。"

儿子和父亲去海边度假,每天早晨,他们看到渔船出海归来,将渔网里的鱼和贝在阳光下晾晒,儿子问渔夫:"你们出去一次,能打回多少东西?"渔夫说:"我们不计较能打回多少东西,只要不是空手而回,就没有白去一次。"

年轻人突然领悟了什么似的,对父亲说:"我觉得我没必要为现状哀叹,如果看不到自己的成绩,我会越来越失落。事实上我已经得到了不少东西,难道不是吗?"

"是的,我很高兴你想开了。"父亲说,"执著固然重要,但比执著更重要的是快乐。"

很多时候,执著代表着对自己的高标准严要求,并不是一件坏事。但凡事都有度,一旦要求过了头,就会变成巨大的压力,工作不再是工作,变成了压迫;成绩不再是成绩,变成了休息站,预示前边还有更多事要做;目标也不再是目标,变成了自我强迫的源头。

故事中的青年很幸运,他有一个明理的父亲,在他即将被压垮的时候,带他去大自然中放松身心,体味人生百态。人往往不能自己明白、自己醒悟,但如果长久地执迷不悟,只会被执念羁绊。执著本来是件好事,一旦做过了头,就成了错误。

执著到了深处就变成了一种贪念,执著往往是因为得不到,或者得到得不够多、不够好。这个时候继续追求,实际上已经超过了自己的能力和承受力,追求那些本不属于自己的。人生最大的悲剧就是追求错误的东西,这等于放弃了原本属于自己的幸福,硬要走一条充满坎坷无法光明的路。一个明理的人应该懂得放下执念,与其被执念所累,不如活得洒脱。

放弃,意味着新的开始

当你手中抓住一件东西不放,你只能拥有这件东西,如果肯放手,你就有机会选择别的。

发明大王爱迪生成名后,投入大笔资金在美国开了一个实验室,实验室里配备了当时最先进的设备,请来了最优秀的助手。在那里,爱迪生把他的天才想法反复试验,也产生了不少优秀的发明。实验室里最多的,是那些有了初步成果，却尚未完成的半成品。

1914 年的一个晚上，实验室发生了一场大火，当消防员赶来的时候，所有实验器材和试验资料毁于一旦，看到长年的心血化为灰烬，助手们心痛不已。也有人害怕爱迪生会想不开，他们都想安慰他。没想到爱迪生却说："大家不要难过，这一场大火烧光了我们的实验成果，也烧光了我们以往的错误和偏见。现在，让我们放弃过去，重新开始吧！"助手们的信心在一瞬间被他点燃。

有开始就有结束，有得到就有失去。爱迪生的实验室毁于一场大火，损失惨重。我们的人生中也多多少少有过类似的经历：长时间的心血毁于一旦，没有任何周转余地。这个时候我们只能选择放弃，但这放弃并不能让我们轻松。放弃应该从心理上开始，面对过去的执念，要明白唯有真正的放弃，才能得到新的机会。

放弃不是一件容易的事，如果放弃的仅仅是手中不重要的东西，也许心里不会难受，但"放弃"这个词一向与重要的事相连，而且这种"放弃"往往意味着不能再拥有。人有执念，自然也有相应的努力和行动，也许已经有了一些成绩，放弃就要将这些东西全部都抛掉，也难怪人们说："得到难，放弃更难。"

那么，人们舍不得的究竟是自己的执念，还是那些已经付出的青春、精力、金钱？恐怕后者的成分要多一些。多数人都希望自己的投入有所回报，不希望自己的努力成了竹篮打水。但也就是这种心理，让执念越来越深。明理的人不会沿着错误的方向一直走，他们会及时收手回头，因为知道继续纠缠下去，只会浪费更多，耽误更多。

清清是个美丽的女孩，在她的公司，很多男士想要追求她。但是今年已经 27 岁的清清对感情从不过问，拒绝了所有人的追求。

清清不谈恋爱有她的原因。在大学的时候，清清有个感情很好的男朋友，可是二人个性不合，经常产生矛盾。两个人几经磨合，依然不能适应对方，最后只能选择分手。清清对这段感情投入很多，对这个结果非常失望。

从此她对感情能避则避,更不想走入婚姻的殿堂。

清清的好朋友们经常给她讲道理:"一个不合适,难道第二个也不合适?不要因为一个人就对所有的人都失望。你不去尝试,怎么能遇到最好的?"但清清一直沉浸在过去的失望中,不肯迈出一步。身边的姐妹们一个接一个地都嫁人了。终于有一天,清清才发现,再不重新开始,自己就要成为剩女一族中的一员了。

懂得放弃是一种智慧。过去已经成了定局,就算有再多的执著,有些事也无法挽回,一味留恋只会徒增伤感。就像故事中的清清,为了一次失败的恋爱而否定自己,否定感情,这种否定情绪已经影响了她的生活,如果不能及时放开这种负面情绪,迎接她的将会是孤单的结局。如果有一天她突然醒悟,恐怕要后悔自己耽误了那么多美好的时光。

舍得放弃是一种能力,放弃代表一个人的决断。在最恰当的时候放手,即使有伤痛,也是最佳选择。放下一些旁人都羡慕,自己也舍不得的东西,何尝不是一种考验?要相信舍必有得,贪恋只会拖延你前进的步伐。哪一次选择不是因为对旧选择的放弃?所以不要害怕放弃,放弃意味着新的选择与新的开始。

对人生的烦恼更要懂得放弃,有一位高僧曾对徒弟们说了一句饱含智慧的话,教导他们脱离苦海,这句话只有两个字——放下。放下执念,便能明理;放下烦恼,便有自在;放下欲望,便可超脱。多少智慧都在这两个字之中,需要人们细细体会,反复琢磨。唯有放下,心灵才能容纳更多的智慧,所以修禅者懂得放,懂得舍,懂得放弃也是一种获得。

苛求是一种病态的痴迷

苛求往往制造一种看不见的铁链,带来恐惧与担忧。

有个蜡像家是出了名的完美主义者, 他做的蜡像务必要和真人一模一样,否则就毁掉重做。他对自己要求太高,以致一辈子都没有几个成型的作品。到了老年,他预感自己就要死了,为了逃避死神,他做了九个自己的蜡像摆放在房子里,为的是避免自己被死神带走。

没过多久,死神来了,他看到十个一模一样、一动不动的人,迷惑不已,不知该带走哪一个。最后死神大声说:"不要以为你能为难死神,死神知道你的一切。"说着,他指着其中一座蜡像大叫:"看啊!这座蜡像的瑕疵多么明显!真是失败的作品!"

蜡像家"噢"地跳了出来,抓着死神急切地问:"瑕疵在哪里?瑕疵在哪里?"死神说:"有没有瑕疵并不重要,重要的是我抓住你了!记得,太苛求完美会害死自己,世间根本没有十全十美的东西!"说着,他取走了蜡像家的性命。

有些人痴迷于完美,认为凡事只有做到十全十美才是成功,一点瑕疵那就是最大的失败,不可饶恕。这样的人大多是偏执狂。故事中的蜡像家是个完美主义者,他雕出的人像能够骗过任何人。可是,完美是他的优点也是他的弱点,因为太过追求完美,他没能够骗得过死神。

修禅者戒痴,对普通人来说,需要小心的不是"痴",而是过于痴迷。过于痴迷的人对内会变为执念,干扰心智,不得清静;对外就会变为苛求,对人对事常存挑剔,永远不能满意。偏执者的误区在于,别人是为了达到某个目的完成一件事,而他们却会完全忘记目的,只想着如何做得最好,为了一个小细节的完美,他们可以忘记大局。

在人际关系上，苛求更是一个杀手，完美主义者对自己要求高，他们往往很优秀，如此一来，更让接近他们的人备感压力。他们会以对自己的要求来评价别人，一旦别人达不到标准，他就会产生偏见。人际关系还是小事，偏执到了极点，看什么都不顺眼，全世界的人和物都不能让他满意，这时候偏执者已病入膏肓。

古时候有个富翁，他有一个独生女，长得无比娇美，性格温柔，才情又好，可谓样样优秀。富翁爱若掌上明珠，在女儿很小的时候，就发誓只有世间最好的男子才能娶自己的女儿。

转眼女儿到了婚嫁年龄，来提亲的媒人络绎不绝，可富翁总是对男方的条件诸多挑剔，认为对方配不上自己的女儿。于是，富翁拒绝了一个又一个求婚者。

又过了几年，富翁的女儿渐渐老去，求婚的人越来越少，富翁的妻子劝他："不要再耽误女儿的终身，找个差不多的对象就好。"富翁却说："我对女儿负责才会如此，终身大事，怎么能随随便便呢？"仍然对求婚者挑剔不已。又过几年，已经没有人来向富翁的女儿求婚。

男与女能够成为夫妻，靠的是感情。在古代，靠的是缘分。偏偏有人执意要替女儿选个最好的婆家，挑三拣四，耽误了女儿一辈子。其实不论人与事，合适与中意才是最重要的，非要制定一个"最高标准"，然后按图索骥，无异于大海捞针。就算真能找到，没准人家也是个偏执狂，偏偏就是看不上你。

世界上也许有你心目中的十全十美，但甲之蜜糖乙之砒霜，你所想象的完美在别人眼中可能是"不美"。凡事高标准没有什么不对，对自己要求严格能够提升能力，对他人要求严格虽然可能得罪人，却也有人敬重你的认真与正直。但高要求变成苛求，就让人吃不消。何况你的标准并不是别人的标准，何必强人所难？

人生最怕"意难平"，一旦自己太过挑剔，觉得不满意，花好月圆也好，金榜题名也罢，都成了灰色的，不值得骄傲，这是一种自己造成的遗憾。因为心中最想要的事没有做到,到手的东西难免看着就不顺眼。太过苛求就是病态,如果生命始终以这样一种苛刻的标准来衡量,那么我们便没有进步,没有提高,更谈不上幸福,谈不上享受,这样的人生又有什么意义?不如放低标准,放宽心胸,接纳自己也接纳他人。很美,却不完美,才是生命的常态。

过度的爱便成害

用过多的水灌溉花园,只会让花朵枯萎。

一日,禅师路过一个花园,见花园莺语花香,一派春日祥和景致。禅师正在散步,突然听到一棵高大的树上传来一阵哀鸣,举头看去,是一窝小鸟因害怕而啼叫。

"这么小的鸟却放在这么高的树上,难怪会害怕。"禅师想,他不忍听到小鸟的叫声,就拿了梯子,把鸟窝放在低一些的树枝上。

第二天,禅师依然路过花园,又听到小鸟的啼叫,于是禅师又将鸟窝放低了一些。如此几天,小鸟终于心满意足,发出欢悦的声音,禅师终于能够放下心。

没过多久,禅师又一次路过花园,却听不到鸟儿的声音,只看到低矮树枝间空荡荡的鸟巢和散落的羽毛。原来,鸟巢放得太低,小鸟都被附近的野猫叼走了。禅师顿时明白,自己对小鸟的帮助,最后杀死了它们,他懊悔不已。

一种感情一旦过度,就成了"痴",过度的爱就是如此。想多为对方做一些事并不是错,但人们常常忘记自己并不是对方,自己需要的对方并不一定需要。更糟的是,有时你想到的东西非但不能帮助对方,还会给对方带来危害。故事中的禅师本着一颗慈悲之心帮助小鸟,却害得小鸟丧生,这就是过度的关爱害了他人的例子。

世界上最伟大的感情就是爱。爱，既包括父母子女之间无条件的呵护与扶持，也包括男女之间无缘由的吸引与迷恋，还包括朋友之间无偿的关怀与信任，更包括对他人对世界的真诚奉献。但是，父母过度溺爱会让孩子无法独立；情侣过度沉迷爱情会失去自我；朋友间过度关怀就成了束缚……爱应该有一个限度，一旦超过这个限度，爱就成了一种伤害。

感情的限度不好把握，却必须把握。掌握这个"度"其实并不难，只要能够站在他人的角度，认真为他人着想，即使给予什么，也不要过量，就能够既让对方察觉到你的心意，又保证对方的独立性。要记得你的关怀应该是对方的辅助，而不是越俎代庖，什么事都为对方做，因为你帮得了他一时，帮不了他一世。

一对老夫妻住在一座海岛上，过着与世隔绝的生活。老人每天在近海捕鱼，妇人喂家禽，夫妻二人生活平静。一日，一群天鹅落在海岛上，老夫妻很喜欢这些漂亮的鸟，拿出谷物招待它们，天鹅们也很喜欢这对老夫妻。

日复一日，天鹅群分成两个阵营，一个阵营认为老夫妻心地善良，真心喜欢它们，它们应该留下来陪伴老夫妻。另一个阵营认为天鹅应该寻找最适合居住的地方，而不是这个只能依靠老夫妻的海岛。两个阵营经过激烈争吵，无法达成共识。最后，一批天鹅飞走了，另一批天鹅留了下来，和老夫妻一起快乐地生活着。

过了几年，飞走的天鹅早已找到了栖息的乐土，它们再一次来到海岛，想要感谢那对老夫妻，也看一看自己的同伴。没想到，岛上什么也没有，只有当年的老房子。原来，这几年，老夫妻先后去世，天鹅来不及飞走，在湖面封冻的时候全都饿死了。而及时离开的天鹅，靠着自身的本领，避免了这种命运。

依赖是一种深厚的感情，故事中的人与天鹅相互依赖，彼此善待，在外人看来这是和谐美满的一幕。有时候我们的爱是对他人的一种回报，但要记得回报应该量力而行，如果你不能保证自己的生存与强大，如何更好地回报对方？如果执著于这种依赖，很可能像故事中的天鹅那样失去生命，这也是一种必须放弃的"痴"。

爱是一种无私的情感，别人给予爱，并不是要把爱当做一种工具，甚至不求你会回报。如果你想要报答，首先要想到的是自己的能力，自己能做些什么，而不是做那些自己力所不能及的事，这样不但不能报答对方，还会让对方有负罪感。生活中，我们要注意感情的平衡，不论是给予还是报答，都不要过度，过度不但会害别人，更会害了自己。

有个成语叫做"情深不寿"，感情太深就不易持久，就像火焰燃得太烈很快就会熄灭。这种感情并非不真不美，只是它过了度。不妨在爱的过程中也有一颗禅心，用一种平和而有节制的态度付出爱，接受爱，这也就成了佛家所说的"大爱"。懂得大爱的人，不会为一人一事过度执迷，他们的爱往往出现在人们最需要的时候，如春风化雨，恰如其分。

明理的人不会给自己找压力

所谓的褒贬，不过是众人口中的一句话罢了。

两个和尚一起云游四方，以增进自己的修为。这日他们走到一条河流面前，想是连日下雨，河水暴涨，水流湍急，且河面无桥无船，两个和尚决定游过去。

这时一位年轻女子走了过来，向他们央求道："二位大师，小女子有急事要去对面的村子，可我不会游泳，能否请二位师父带我过河？"

一个和尚想："出家人慈悲为怀，本应该助她过河，可是一个和尚将一年轻女子放在背上，河水中自然衣衫浸湿，就算我本人并无杂念，路人看了，难免闲言闲语。"另一个和尚二话不说，背起女子游过那条河。

过河后，两个和尚继续赶路，没有背女子过河的和尚问："难道你不怕影响自己的修为?"那个和尚说:"我们出家人万事皆空,又何必在意旁人的眼光和说法。如果在意,那就不是旁人耽误自己修为,而是自误。"

万事皆空的人,心中空明,依然做着实事,而且比旁人做得更好。禅心代表着一种定性,修禅者想得明白,做得明白,不会介意他人的眼光,也不会在意他人的议论。只有完全参透、看透,才能毫无芥蒂地做任何想做的事。就像故事中的和尚,只把助人当做己任,根本不在意他救的是一位妙龄女子还是个苍老妇人,这就是修为。

在现实生活中,我们做不到万事皆空,心中常常会有杂念。最大的杂念来自于他人,确切地说,是我们心中杜撰出的"他人"。做一件事,首先想到的不是如何做好,而是他人会怎么看怎么说,或者想如果是他人会怎么开始,做到什么地步。这就是将自己置于他人的阴影之下。总是注意这些,哪还有精力好好做事?

活在别人的目光里是一种痴,这样的人过分看重社会关系和个人形象,把他人的看法当做行动指南和成绩单,很容易因他人的一句话改变主意,更容易沦为他人的附庸。这时候心理也会有莫大的压力,因为凡事不但要想自己更要想他人,他人的意见倘若不一致更让人烦恼。这种"在意"是种自误,应该提醒自己:"好好做你的事,管他人做什么?"

唐亮学平面设计,毕业后在一家广告公司工作。唐亮是一个优秀却敏感的女孩,很在意别人对自己的看法。她工作努力,却得不到上司的肯定,心里暗暗着急。

一天,唐亮在洗手间无意中听到上司在打电话,上司带着不屑又烦躁的口吻说:"真不明白现在的大学生在学校都学什么,笨得要命,教什么都学不会,做出来的东西根本不能看!"唐亮认定上司在说自己,她想自己很快就要被上司辞退,情绪十分低落。

好在唐亮是个负责任的人,虽然有要被辞退的预感,她仍然认真地做着手头的企划。只是每当同事们聚在一起,唐亮就觉得她们在议论自己的不是;每当上司投来一个眼神,她就觉得上司在琢磨怎么炒她鱿鱼。唐亮把企划书交上去，没想到得到上司和同事的一致称赞，同时，另一位同事被解聘。唐亮这才明白：那天上司抱怨的人并不是自己。

一场虚惊，从此以后，唐亮再也不去自找烦恼，给自己无谓的压力。

很多烦恼都来自于内心的多疑与不自信。就像故事中的唐亮，对自己没有正确评价，一个武断的推论让他烦恼数日，整天让自己生活在马上就要被解雇的压力中。其实事情哪里有那么严重？工作不好上司自然会提醒，做得太糟公司也不会留着你，这么简单的事都看不明白，有压力也是自己的过错。

现代人压力大，总嚷嚷着要减压，事实上他们每天都在给自己增加无谓的烦恼与压力。他们每天都要寻找以下烦恼：今天什么事很难办，肯定办不成；今天什么人让我反感，真讨厌；今天遇到了什么倒霉事，运气真不好；今天又出现了什么样的新麻烦，真是越忙事越多……想要减压的人偏偏给自己找压力，真是自作自受。

明理的人就不会有这种烦恼，他们想的正好相反：今天做成了什么事？是不是遇到了有趣的人？解决了什么麻烦……他们的思维是积极的，自然就不会产生压力。生活中有很多烦恼，我们要争取修炼这样的禅性：放下烦恼，海阔天空。

给心灵留点空间，与世界隔点距离

烦恼重的人，芝麻小事都会令他烦恼，想解脱的人，天大的事都束缚不了他。

一个小和尚在一座寺院修行三年，自觉没有长进，他对师父诉说自己的困惑："师父，我每天都在读佛经，一有时间就思考佛理，为什么觉得自己没有任何进步？"

师父说："在说这个问题之前，我们先喝一杯茶吧。"说着，师父亲自为小和尚的茶杯斟满茶水。眼看茶水溢了出来，小和尚说："师父，水溢出来了，杯子已经满了。"

"不，杯子没有满。还能继续倒。"师父说，继续倒茶。

"杯子已经满了，怎么能再容纳茶水呢?"小和尚说。

"那么，你的脑子已经满了，哪里还能容纳新的东西?"师父反问。

小和尚恍然大悟，说："原来我心里装不进东西，是因为它已经满了。我还没有消化，就想要新的东西，欲速则不达，难怪没有进步。"

人总是希望心灵能够宁静祥和，又害怕一成不变的生活，就算是修禅的人也渴望每天都能看到自己的进步。但是，欲速则不达，小和尚把自己装得太满，就成了一个密闭的容器，不但装不了新东西，连旧的东西都无法正常流动，思维也就出现了钝化，难怪没有进步。

如果把人生比作香茶一壶，我们每个人都在滚水般的困境中历练，才散发出香气。人生的价值应该是外向的，所以我们应该学着奉献，就像茶水倾倒自己供人解渴。同时还要记得不要装得太满，这样才能填充新的东西，补充新的滋味。

比起肉体的衰老，精神上的停滞更加可怕。一旦思维困在某个角落，那么眼睛就不会注意其他东西，脑子全围绕着一个东西转动，最后成了钟表上的时针，机械呆板，再也没有新意，这就是"痴"的代价。如果能给心灵留点空间，在这个空间里，我们可以站得高一点，想得深一点，看得远一点。也在这个空间，你才能够察觉自己有远离尘器的一面。

张黎和徐青是一对好朋友。大学时，她们在不同的宿舍，学不同的专业，每周见几次面，每次见面都要给对方一些小礼物，还有说不完的话。她们觉得对方就像自己的亲姐妹一样，只盼望毕业后两个人能够住在一起，朝夕相处。

毕业后，张黎和徐青终于能够搬到一起，没想到，她们的相处并不是那么理想。两个人住得近，矛盾就多，难免挑剔对方，发生口角。终于有一天，两个人吵翻了，张黎嚷嚷着说要搬家。一位师姐听说这件事后说："以前你们两个好得像是要穿同一条裤子，怎么毕业没多久就吵翻了呢？有道是距离产生美，你们不用搬家，只要不住在同一间房里，保证没事。"

张黎和徐青没有搬家，只是住到了不同的房间。二人有了各自的空间，关系果然缓和了不少，依然是很好的朋友。

常言道："距离产生美。"这句话是与人相处的至理。两个人一旦太接近，缺点就会暴露无遗。不在一起的时候，想到的都是对方的好；朝夕相处之后，看到的都是对方的不好。不要小看人的挑剔，如果人一开始就能懂得宽容，又怎么会有那么多人提倡修禅养心？

与他人保持一定的距离并不是件坏事，一朵花远远看着是美丽的，不必非要凑到跟前，连它被虫子咬的黑糊糊的窟窿也看个一清二楚，既让你不愉快也让它难过。除非你已经达到了禅者的境界：不管它有什么优点缺点，你能够全盘接受，并依然能欣赏它的美。

人也应该与世界保持一点距离，才能给自己留下转身的空间。与世界保持距离，就是什么事都不要做过头。小说电影里总在重复人生的痴迷，但要记得只有清醒的人才能把握生命，我们都免不了一时痴迷，但到一定程度就要懂得收敛，才有机会获得真正属于自己的东西。

照相的人都有这种体会：镜头只有调到不远不近时，拍出的相片才是最美的。人的生活也是如此，通晓事理的人应该从容地调整自己的镜头，不必那么急迫，放下执念，让心灵始终有个宽阔的所在，在充满禅性的悠然自得中，自有最美的一瞬。

第 12 课
重义的人交天下,故不孤

"义"是我国一个古来的概念,也是人们遵循了几千年的道德规范,重义者讲信用、讲原则、存善心,历来为人所称道,被奉为君子。

禅心重大义,始终意念端正,注重诚信,不会损人利己、背离本心。只要心中常怀仁义,行善举、结善缘,自然会与贤者为友,以四海为家,永不会孤单。

恭敬忠信即为大义，义者不孤

义者仰不愧于天，俯不愧于地。

春秋时期，孔子曾经这样教导他的弟子：

"君子想要安身立命，只需记下四个字——恭、敬、忠、信。"

孔子又进一步解释这句话："恭，就是对人真心诚意，这样就不会被周围的人排斥；敬，就是要尊重别人的个性和习惯，这样才能被他人喜爱；忠，就是依从本心，有分寸、有原则地做事，这样才让更多的人愿意与你共事；信，就是讲究诚信，让人信赖。这四点能够让人安身立命，避免灾祸，赢得尊重，做出一番事业。"

孔子这些教诲，就是人们常说的"大义"。

"义"，是我国古代人们遵循的一种道德规范。"义"代表公正，凡事都要有客观的立场，平等地对待身边的人和事；"义"代表道义，是道德对人们行为的一种要求；"义"代表正义，要求人们拥有正直的人格，不畏外界的压力……孔子以恭、敬、忠、信作为对弟子的要求，就是教导弟子知晓大义，无愧为人。古代人看重义胜过自己的生命，所以有个成语叫"舍生取义"。

即使在今天，"义"仍然有广泛的意义。一个人想要有丰富的人生，就要有相应的物质基础，同时也要有相应的精神基础。"义"是一个人的精神内核，人无完人，每个人都有很多缺点，但懂得"义"的人很少偏离人生的大方向。懂得真诚，就能有良好的心态；懂得尊敬，就不会无视他人；懂得忠诚，就不会勉强自己，也不会背弃他人；懂得信用，就能有好的形象。

修禅者也要懂"义"，因为禅心的基础不是自私，也不是避世，而是为了和世界共处，和他人友好，并以善心对待他人。这就是一种高层次的

"义"。相反，现代人如果偏离了修禅的本意，只顾着远离烦恼，置自己的责任于不顾，他们修得的不是禅，而是一己清净与冷漠。由此可见，"义"，是为了保证禅心的清明与端正。

有两个擅长钓鱼的人喜欢在湖边钓鱼。那个湖是一个钓鱼俱乐部常去的地方。这两个人钓鱼技术高，连俱乐部的人都常来与他们切磋。

不过，这两个人的性格却不太一样，一个瘦瘦高高，对人爱答不理，别人问十句，他最多答一句。另一个人心宽体胖，爱交朋友，不论别人问他什么，他都热心地教导。他说："钓鱼就是个爱好，大家玩得开心最重要，自己会什么东西也不必藏着，一起交流，互相进步。"

不久之后，胖子身边总是围满了人，大家都会跟他亲亲热热地打招呼。瘦子呢，孤单一人在湖边，觉得很闷，渐渐不再喜欢钓鱼。

在日常生活中，我们不会经常听到"义"这个字，甚至以为它已经远离了我们的生活，但仔细观察，"义"仍然存在于大多数人心中。与人为善是一种"义"，无偿地帮助他人也是一种"义"。"义"不必说出来，更无须着意夸奖，它会以最自然的方式作用于人际关系。重义的人身边自然会有很多朋友和仰慕者，他们看上去总是愉快的，反之，难免孤零零落单，遭人排斥。

"义"的高尚在于它的无偿性，这种没有目的的特性能使人与人的关系变得纯净温暖。人心有时就像一床棉被，你刚刚接触的时候，会发现它是冰冷的，如果你这个时候放弃它，那你和棉被就都是冷的。相反，如果你愿意用自己的体温温暖它，很快它也会生出热度，反过来帮你抵御寒冷。

需要注意的是，有些事不要挂在嘴边，特别是"义"这种概念更应放在心中。不论奉献爱心的义行还是援助他人的义举，做比说要好。如果整天把这些概念对别人说，别人难免觉得你太过矫情，只要记得为人要重大义，处世要有义心。始终将他人放在心中，他人自然也会惦记着你的好，所以义者不会孤单。

一诺千金，信用是无价的财富

讲信用的人，就像有坚固房梁的房子，永远不用担心它塌下来。

古时候，有个国王接到一个犯人的请愿书。这个犯人犯了死罪，他惦记家乡的母亲，想要回家见母亲最后一面，希望国王宽宏大量，能够给他这个机会。他向国王发誓，行刑当天一定赶回来受死。这封请愿书最后由一位大臣转交。

"你为什么要把这封信转给我？"国王问大臣。

"我认为一个孝顺的年轻人应该得到您的恩准。"大臣说。

"如果有一个人愿意代替他进到牢房，我就放他回家看母亲。"国王说，"难道你愿意为这个孝顺的人进牢房吗？"

"如果没有其他的人愿意代替他，我愿意这样做。"大臣说，"我相信孝子会讲信用。"

"如果他没有按期赶回来，那走上断头台的人就会是你。"国王警告，大臣表示同意，其他大臣都认为这个大臣疯了。而那个被放回家乡的犯人一直没有消息。转眼，就到了行刑的那一天。大臣却没有表现出后悔的神色，无所畏惧地走上绞刑台。

这时，犯人从远处飞奔而来，对国王说："对不起陛下，我回来时，路上发生地震，我好不容易才能走到这里。幸好还来得及，请释放那位慷慨的大臣，现在我可以了无牵挂地走上绞刑台了！"国王听了感叹："你不但孝顺，还是个有信用的人，这样的人应该继续活着，我决定让你当我的秘书官。至于我那位慷慨的大臣，这样的气度，应该出任宰相一职！"

很多时候，人格不仅是内在的修养，还需要一个外在标度，在人的各种行为中，守信最被看重。就像故事中的犯人与大臣，大臣相信他人的信用,也要维持自己的信用;犯人为了一句承诺同样历尽艰苦。国王对两个人的重用,反映的正是人们对有信用的人的评价:他们值得信任,值得托付,不论何时都值得尊重。

中国古代有个叫季布的人非常讲信用,当时有人夸奖他"得黄金千斤,不如得季布一诺",这就是成语"一诺千金"的由来。如果人与人之间没有诚信做纽带,那么人际关系将只剩下欺骗与相互利用,再也没有感情可言。所以,人们非常注重自己的信誉度,一旦被贴上"不讲信誉"的标签,他人就再也无法对他信任。

"信"是"义"的重要部分,答应过的事一定要做到就是信用。人无信不立,事无信不成。信用没有大小,最小的事,如约好了时间却迟到,也是不守信用的表现。即使是这样的失信,也需要检讨和道歉。唯有如此,才能养成自己守信的性格。凡事在于点滴积累,注重日常小节,才能真正成为一个懂得守信的人。

老贾是某工厂的车间主任,也是业务高手。厂长经常对人称赞:"我们厂的老贾一点也不'假',有了他,我从不担心厂里的事!"

去年,工厂遇到了麻烦,因为竞争对手的强劲打击,销售量出现下滑趋势,偏巧这个时候厂长生了重病。厂长对老贾说:"老贾,我知道厂子现在效益不好,我把它暂时交给你,你帮我看着,等我病好了立刻回去。"老贾郑重答应了卧床的厂长。

厂里的效益连连下降,不少人跳槽,也有人劝老贾:"别在这个厂子耽误时间了,这个厂子的产品早就没有市场了,偏偏没有生产新产品的机器,而且连资金都没有,这个厂子早晚会倒闭。你年纪这么大,应该趁还有精力,赶快跳槽。再过几年你也不值钱了。"

老贾不为所动,他说:"既然我答应了厂长,就算倒闭,我也要撑着。"很多工人被老贾感动。半年后,厂长身体康复,重新整顿了工厂,贷款买了新设备,终于使厂子起死回生。厂长说:"这家厂子还能存在,最大的功臣不是我,是老贾,老贾不假!"

信用是无价的财富。信用就是"不假"。在生活中我们不难发现，不论是厂商、商店还是饭店，越是大型的企业，越重视自己的信誉，不论哪一个环节出了问题，他们一定会在第一时间采取补救措施，力图使影响变得最小。因为一个品牌得到信誉靠的是日积月累，但一个微小的疏忽换来顾客的质疑，这个品牌的生命力就岌岌可危。

做人也是如此，每个人都应该有自己的"品牌"，你可以张扬个性，但不能失去信用这个底座，否则就是无耻小人。信用代表真实，失信代表虚假。人与人的关系不只靠感情来决定，有时也靠信用来决定。就像上面故事中的老贾，他能够得到旁人的尊敬，就是因为他能够放弃一己之私，完成别人的托付。因为有信用，他的名字就是一道牌子。

诚信是一张通行证，不仅可以伴随你闯过事业的门槛，还能对你的人生大有助益。一个讲求诚信的人处处都让人信赖，因为别人放心他的人格，也就能够安心地与他共事、与他交往、对他倾诉肺腑之言，相交莫逆。

信用也与一个人的禅性有关，因为它能够让你通向别人的心灵深处，让你能够更加真实地认识他人、认识世界，自然也就看得透。而有信用的人不会为他人的行为更改自己的内心，这就是定性。信用与定性相辅相成，故修禅者讲求信义，心正神明。

信任，有时是对他人最大的帮助

相信一个人，就是拯救一个人。

一位禅师接到万里之外的家书，家人说他的侄子性格顽劣、行迹浪荡，不管家人如何劝说，依然不务正业。家人希望禅师回来劝劝这个侄子。

禅师接到这封信后即刻起程，赶回家乡。家人团聚，欢天喜地，侄子特意邀请禅师在自己家中过夜。晚上，禅师对侄子说："我接到家书，原为来劝你浪子回头，但我今日看你性格热诚、生性憨实，并不是奸邪之辈，可见众人误解了你。我明日一早便要回返，你要保重自己。"侄子连连点头，连夜为禅师准备行李。

禅师回寺后，又接到家书，家人说侄子脱胎换骨，如今再也不做过去的浪荡之事。

什么是真正的"信"？这个字应该看两方面，不但要让他人信任，还要信任他人。人非圣贤孰能无过？每个人都有犯错甚至荒唐的时候，但一时的错误并不等于一辈子的错误。就像故事中的禅师，对顽劣的侄子没有说教，只是以自己的行动告诉对方："我相信你的人格。"就是这种无言的相信让犯错的人反省自己，引导人走向正途。

相信他人的悔过，就等于给别人一个改正错误的机会。人人都会有错误，有些人不知道自己有错，这时候你提醒他，是一种信任；有些人知错不改，你指正他、相信他，仍然是信任。信任是对他人人格的最大尊重。如果你信任一个人，即使只是一句言语，也会给人以巨大的力量，让他相信自我，欣赏自我，进而超越自我。

森林里的狐狸经常有小偷小摸行为，不是偷鸡就是偷粮食。森林之王狮子将它训斥一顿，然后说："为什么你就不能洗心革面？难道你不想堂堂正正地生活？"

狐狸惭愧地低下了头，它在所有动物面前发誓，今后一定不再偷窃。

新生活的道路是艰难的，动物们早就把它当成惯犯，谁也不肯相信它。它去花园赏花，猫以为它要偷架子上的葡萄，大喊大叫；它去河边洗脸，鸭子以为它要偷鸭蛋，紧张地盯着它……狐狸在这些怀有敌意的目光下，渐渐开始绝望，决心再干自己的老本行。

它准备先偷一只鸡填饱肚子。刚刚打定主意，就看到一只小鸡正在路边哭。狐狸走上去，小鸡说："狐狸先生！太好了，遇到了您。我迷路了，你愿意送我回家吗？"

看到小鸡信任的眼神，狐狸觉得很自豪，它立刻打消了吃掉小鸡的念头,将小鸡平平安安地送回家。

对那些思想不够坚定的人,行善还是作恶有时候是一瞬间的事,身边的风气好,总有人倡导为善,自然无从产生恶念。但如果本身就有前科,身边的人还不信任,很容易旧病复发,一错再错。有时候一个人的人格想要建立,需要旁人的帮忙,最好的帮助就是信任与认同,就像故事里的狐狸,感到小鸡真诚的信任,立刻就有了力量。

信任是清泉,能够洗涤他人心中的污垢。我们每个人都不完美,在灵魂深处,都有些不为人知的污浊念头。有些人喜欢贪小便宜,遇事就想占点便宜;有些人喜欢造谣生事,听到闲话就想推波助澜……但是,在一双信任的眼睛面前,他们却会收回自己已经伸出去的手,闭上自己已经张开的嘴巴。因为他们知道不能辜负别人的信任,一旦破坏了自己的形象,这种信任就会荡然无存,从此再也得不到他人的信任——对他人的信任,无疑是对他的一种监督。

修禅的人能够坦然地相信他人,即使是骗过自己的人,他们也不吝惜自己的信任,愿意一次又一次给他人机会。他们相信每个人都有自己的不得已,才会欺骗,才会做坏事,只有他人的信任才能让他们重新审视自己的心灵,完善已经有了缺失的人格。重义者要有一颗宽容的心,要相信世界上更多的人和你一样,愿意给予信任。既然他人的信任曾经给过你笑对人生的自信,你也要用自己的信任给人以力量,给人以追求。

良心使双脚笔直,原则使心灵坦荡

世上最可悲的事,就是背叛你自己的良知。

一位禅师在和三个弟子谈心,他让弟子们分别说一说各人做过的最自豪的一件事。

大弟子说："我对自己最自豪的事是察觉我是个不贪心的人。有一次，有个异国的商人将一袋珠宝放在我这里，他并不清楚里边究竟有多少珠宝。而我原封不动地还给了他，没有拿他一分一毫。"禅师说："这是一个人应该做的，你如果暗中拿了他的宝石，你现在会是个什么样的人呢？"

二弟子说："有一次我救了一个落水的小孩，他的父母拿出厚礼谢我，我分文不取。我认为自己是一个仗义的人。"禅师说："这是你应该做的，假如你见死不救，你会良心不安。"

三弟子说："我一直很自豪我是一个仁慈的人。有一次，我看到一个人就要掉入悬崖，我将他救了起来——这个人是我的仇人，他一直在背地里中伤我，还害过我很多次。"禅师说："以德报怨，的确是值得赞扬的事。不论是难做的，还是易做的，只要不违背自己的良心，都是可贵的，你们三个都有可贵的品质。"

存大义的人必有良心，良心也可以称作良知，是那种被社会认可、被舆论接纳、被自己承认的道德行为准则。这个故事中的三兄弟，他们的作为都从自己良心出发，得到不一样的赞誉。一个人做该做的事，不忘良心，才不会有侵犯的过失；做原来不易做到的事，就更能彰显良心的光芒。其实，在我们的生活中，良心比任何东西都可贵。

一个有良心的人不会侵害他人的利益，因为他会时时提醒自己他人的存在，他人的不易。良心常常与善良相连，不忍心看到他人遭遇不幸，不忍心置困境中的人于不顾，也不忍心让他人陷入危险。有良心的人很少做坏事，因为他们过不了自己这一关，他们害怕会受到良心的谴责，内疚后悔，不得安宁。

良心能够维系人与人之间的感情。社会生活中，人们常常呼唤良知与奉献，法律固然是社会得以正常运转的基础，但人们如果仅仅依照法律条文，不做违法的事，也不在别人需要帮助的时候"多管闲事"，这个社会就会变得麻木而冷漠，生活在其中的人也会渐渐变成有血有肉的机器人。

红叶禅师和他的弟子在雪地里行走，弟子惊奇地发现，红叶禅师的脚印印在雪地上,是一条笔直的线,而弟子们的脚印却歪歪扭扭。他们问:"师父,为什么你的脚印是直的,我们的脚印却是歪斜的?"

红叶禅师说:"那是因为我走路时一直看着远处的那座山,有了这个目标,路就会变得笔直。而你们走路时心有旁骛,东看看西看看,自然就会歪歪斜斜。"

看到徒弟们若有所思,红叶禅师继续说:"还有人走路只盯着自己的脚,走歪了路还不自知。如果没有固定的目标物,人很容易就走上歪路。"

听了禅师的一番话,徒弟们按照红叶禅师的说法走路。果然,他们的脚印变得笔直而整齐。

有经验的人常常奉劝后辈:"人不怕走错路,最怕走歪路。"错路有回头的余地,而歪路却能让人麻痹大意。因为一直在同一个方向行走,人们察觉不到自己已经有了偏差,继续走下去,偏差越来越大;走得越远,错误就越大,这就是人们所说的"失之毫厘,谬之千里"。

人生的路程也容易出现偏差,因为我们的心不是时时刻刻都能端正。我们常被外界迷惑,灯红酒绿,纸醉金迷,这些都能使我们本来笔直的心开始歪斜,想要放纵自己进行尝试。如果一个人没有原则和底线,极易在诱惑之下迷失自我。

如何才能让双脚走得笔直,让心境始终澄明?故事中的红叶禅师说出了答案:"要确立一个目标。"这个目标是什么?就是我们对人对事的良心、为人处世的原则。修禅的人的心中始终都有这样一个准绳,就是凡事不违背自己的本心,与自己的良心相违背的,就算有巨大的利益也不会去做;而那些与原则符合的,即使让自己为难,需要作出牺牲,也要义无反顾。现实生活中,我们大多不会遇到"舍生取义"的机会,所以才更要从点滴小事上注意自己的道德积累,唯有如此,才能成为一个受人尊敬的人。

广结善缘,情多路多快乐多

未成佛果,先结善缘。

　　古代印度有个国王,他和王后只有一个儿子。这个儿子性格孤僻,整日愁眉不展。国王和王后为了让儿子高兴,供给儿子最精美的衣物、器具、饮食,可儿子仍然闷闷不乐。

　　这件事急坏了这对夫妻,国王找来全国最有名的高僧,请他帮助王子。高僧听了情况后对王子说:"我这里有一个获得快乐的秘方,你如果按照上面说的去做,就能变成一个快乐的人。"王子听了很感兴趣,对高僧说:"我希望能得到您的秘方。"

　　"这个秘方就是——每天做一件帮助别人的事。"高僧说。

　　王子决定实行这个秘方,他每天走出王宫,看看有没有需要他帮助的人。有时候,他帮农夫耕地;有时候,他帮花农锄草;有时候,他帮牧民牧马……喜欢王子的人越来越多,王子的朋友也越来越多,他的笑容也越来越多,很快,他成了一个快乐的人。

　　世事难两全,有阳光就有阴影,优越的生活环境会造就一个人优秀的能力,也能让一个人的心灵产生空虚。当一个人觉得自己什么都有,却又什么都没有的时候,抑郁便不请自来。故事中的王子无疑是个忧郁少年,高僧给他开的药方是帮助他人,让他人快乐。

　　也许我们都和忧郁王子一样掩不住心中的疑问:"想要快乐难道不是要从自己身上做文章?为什么要帮助他人?"我们只知其一不知其二,人们保持快乐的方法有两种,一种是自娱自乐,一种是让他人开心,自己也享受到快乐。一个人的快乐只有自己知道,是偷着乐;帮助别人后却能享受着他人感激和钦佩的眼神,这时候心中升起的是虚荣心也好自豪感也罢,

229

那飘飘然的感觉让我们立刻找到了自己的价值,认可了自己的能力。

有一个年轻人,大学毕业后回农村继承父母的杂货店,做着普通买卖。他没有什么特长,只有一个特点:脾气好。他的朋友中,有的人性子暴躁,经常大呼小叫,惹是生非;有人嗜酒如命,常常喝得烂醉如泥;还有人孤芳自赏,常常看不起他人……这些人却把年轻人当做好朋友,因为年轻人经常在他们急眼的时候规劝,喝醉的时候搀扶,刻薄的时候一笑了之。人们都不明白年轻人为什么要交这样的朋友,年轻人却说:"每个人都有优点和缺点,交朋友看的是自己喜欢的那部分,当然也要容忍别人的缺点。"

后来,年轻人的朋友越来越多,人缘越来越好。当他开始做别的生意时,朋友们有钱出钱,有力出力,他的生意一帆风顺,成就了一番事业。

对自己的要求要严格,对人的要求不用太多,如果只盯着别人的缺点,世界在你眼中一塌糊涂,根本没有乐趣可言;如果总是发掘别人的优点,世界就变得情趣盎然,随时随地都有快乐。与人交往不必计较那些不合自己心意的地方,即使是自己不喜欢的人,该帮助的时候不能推脱,这才叫心胸开阔。更重要的是,你要行得正、做得直,让人信服。

常言道:"多个朋友多条路。"当你好心好意帮助了他人,多半会结交一个或多个朋友,因为大家觉得你仗义,想要与你接触,更愿意在你有困难的时候报答你。你的朋友越多,无形中就得到了很多帮手,说不定哪一天,当你为一个难题愁眉不展时,有个朋友一拍大腿说:"这事儿我最擅长!我帮你!"互相帮助的人通常能够成为好友,即使不是朝夕相处,至少也能心领神会,帮助他人就是广结善缘。

在修禅者看来,帮助他人就是结善缘,他们笃信善缘会有善果。你真诚地帮助别人,是善行,是义举。也许得到帮助的人并没有能力回报你,但你身边会招徕一些欣赏你、与你志趣相投的君子,他们愿意扶助你、与你分担喜悦艰辛,而你也会一一记得,一一感恩。于是善缘善果不断,你的人生自然会比他人更平顺、更舒心。

无人分享的人生是一种惩罚

无人分享的人生，就像独自一个人打篮球赛。

一个自私的和尚犯了错误，禅师决定惩罚他，派他去一块丰硕的土地去挖红薯。和尚没想到会有这么个美差，兴高采烈地在地里挖出一个又一个大红薯。

"师父，犯了错应该受罚，你这哪里是惩罚他？"其他徒弟说。

"我就是在惩罚他，等会儿他回来，你们谁也不要理他，谁也不要跟他说话。如果他跟你们打招呼，你们看也别看。"禅师说。

晚上，犯错的和尚背着一筐上好的红薯回到寺里，他很想和人炫耀一下自己的收获。没想到，寺里的和尚们看也不看他一眼，他和人打招呼，别人充耳不闻，好像他这个人并不存在。和尚越来越别扭，越来越难受。禅师对弟子们说："快乐的心情无法与人分享，就是最大的惩罚。"

人们为什么害怕孤单？是害怕困难的时候没有人帮助？事实上帮助只是辅助，多数时候我们都要靠一个人的力量生存发展；是害怕难过的时候无人安慰吗？自己的痛自己最清楚，就算没有安慰我们依然有坚强的品格……我们真正害怕的并不是一个人做什么，而是做到了什么没有人分享，就像故事里的和尚看上去幸运，收获的却是煎熬。

人生需要分享，没有人分享的人生，哪怕面对快乐，那也是一种惩罚。不会与别人分享，最终的结果是自己也享受不到。快乐分给大家就会成倍地增加；悲伤有人承担，伤心也会成倍地减少。相反，如果独自一个人沉浸在伤感的情绪中，只会落得郁郁寡欢。不论是成功还是失败，有人分享，快乐就会加倍，失落就会减少。他人的陪伴能够让你宽心，让你坚强。

什么样的人总是拒绝分享？除了自闭症患者，一种是自私的人，一种是亏心的人。自私的人害怕别人分到他的好处，总是藏着掖着，生怕别人觊觎，事实上他们的成就别人并不放在眼里；做了亏心事的人更无法与他人分享，他正被自己的良心指责，更害怕他人知道自己的秘密，从此失去个人形象。这两种人只能在自己的世界里，前者小心翼翼，后者鬼鬼祟祟。

一家公司的大老板即将迎来自己的第五十个生日，他是个事业有成的男人，但妻子早已跟他离婚，孩子在国外上学，公司的员工们象征性地送他礼物，他身边没有多少朋友，生日当天，他一个人坐在客厅里喝酒。

这一天本来是值得骄傲的一天，他牵线研发的新产品打入了国际市场，反响非常好。在公司，他踌躇满志，给所有参与研究和销售的员工发了奖金。但回到家，他却不知该向谁述说自己的喜悦。他坐在客厅反思自己，他是个暴躁的人，经常乱发脾气，身边的秘书换了不知道多少任。他知道不是别人有问题，是他自己个性太孤僻。究竟什么时候，能结束这种孤独的状况呢？他喝了一杯又一杯，却没有人告诉他答案。

值得骄傲的人生不一定是幸福的人生，也有可能充满失意和痛苦。当喜悦的时候端起酒杯，对面却无人愿意和自己干杯，这样的感觉不只是孤独，更是悲凉。故事中的老板到了 50 岁，身边却没有一个愿意与他分享人生的人，就算借酒浇愁，又能浇开多少苦闷？

修禅的人一向倡导做人不能太"独善其身"，要注意与他人的交流与分享。一个善行如果没有人接受，就不能成为善行。在生活中，我们要有一种与他人分享的心态，特别是那些积极有益的事，更要经常惦记他人。这其实也是一种"义"。所谓"义"，简单地说来其实就是把坏的留给自己，好的留给他人。

时时刻刻保持一种分享的心态，就像你一个人在夜路上行走，抬起头看到满天灿烂星斗，你觉得很美，这时候如果你能告诉身边的人，才能真正觉得快乐。相反如果身边没有人，你只能自言自语，再多的星星也并不能让你快乐。学会分享，当你一路跋涉，忍受孤苦艰辛，知道前方有人等待着你凯旋时，你才会得到力量，明白旅途的意义。

善意地看待他人,善意地对待他人

喜悦并非行善的报酬,而是行善的本身。

有个姑娘护校毕业,被分配到一家大医院。她成绩优异,很快就成了护士中的佼佼者,后来又成为护士长。她经常给新来的护士讲自己的经历:

"我实习的时候,是个不懂事的孩子,以为当护士只要做好本职工作,拥有优秀的技术就行。有一次,我护理一个病人,病人问我他究竟生了什么病,我认为病人有权利知道自己的病情,就告诉他是肝癌晚期。带队医生知道后严厉地批评了我,他说医生和病人的家属都知道病情,为了让病人有开朗的心情,他们都没有告诉他,希望他能在良好的感觉中走完生命中最后一段路。

我将真相告诉了病人,病人整天忧愁,病情更重,很快就去世了。我将这件事告诉你们,是希望你们能有一颗为人着想的心,时时刻刻为病人的心情考虑,这样才不会做出让自己后悔的事。种下善因,才能收获善果,如果种下恶因,只会让自己后悔。"

佛家讲究慈悲,对他人要心存善意,才能种下善因。那么什么是善意?善意不是单纯的好心,机械的重"义",若不能体会别人的心情,只按照自己的意思行事,就算是好心也会办错事。就像故事中的护士,她以为自己做得对,却造成了一个生命的过早离世。

想做个有善意的人,首先要对他人心存善念。据说成功大师卡耐基小时候常做坏事,他的继母却认为小孩子的教育在父母,坚持说他是个好孩子——这就是以最善良的目光看待他人,即使他人有缺点,也要看到闪光的一面、有潜质的一面。

有善良的眼光还不够,还要有善良的行为。不要按照自己的观念去想别人,而要看别人需要什么。设身处地考虑到别人的心情,才称得上真正的善待;否则就像对一个聋哑人唱歌,你的本意是安慰他的伤痛,他却认为你在讽刺他,贬低他。

一位大官六十大寿,达官显贵们都来庆祝。有个与大官交好的商人也来庆祝,他送上贺礼,那贺礼是一幅名家牡丹图,珍贵的丝绢上,一朵朵牡丹栩栩如生,令人惊叹。

在古代,商人一向被人瞧不起,有个官员故意挑刺,指着牡丹图说:"奇怪,这牡丹花画得是不错,怎么最上边那朵只有一半?这画不全,不就是'富贵不全'的意思吗?真不吉利。"商人一看,牡丹花果然缺了半朵,只好检讨自己不够认真。

主人听了以后哈哈大笑说:"牡丹代表富贵,半朵代表'无边',这幅画的寓意就是'富贵无边',这真是一幅好画!"在主人善意的解说下,商人紧皱的眉头才渐渐松开,宾主尽欢。

每个人个性不同,有人心细如发,有人粗心大意。粗心的人做事往往考虑不周,有时会得罪你,有时会耽误你,这个时候如果急躁起来,伤害了他人的美意,也显得自己不够体谅别人。故事中的商人送了一份残缺的牡丹图,旁人看着晦气,主人却知道商人的本意,一句"富贵无边"既保住了朋友的面子,也显示了自己的豁达。

及时察觉别人的善意,是人际交往重要的一部分。有时候善意不一定以你想要的方式到来,比如你做错事想要一句安慰,朋友却对你当头训斥一通。这个时候你应该知道朋友的本意是怕你下次继续犯错,千万不要计较善意的形式,最难得的是有人肯关心你,提醒你。

在现实生活中,与人为善即为义。如果我们都能以善意的眼光看待身边的人,生活中不知会减少多少纷争和误会;如果每个人都愿意善待身边的人,我们就会终日生活在温暖的关爱中。一个懂得修心的人不需要要求别人什么,他们明白最重要的是自己的行为,善心生善行,善行种善因,如果每个人都能如此,世界便会充满大爱,暖若三春。

与贤者交，如入芝兰之室

交一个读破万卷书的邪士，不如交一个不识一字的端人。

古时候，管宁和华歆是一对好朋友，他们二人每日一起读书，关系十分亲密。

有一次，管宁和华歆在花园里锄地，刨出一块金子。管宁对金子视而不见，华歆却捡起来细细观看，露出贪婪的神色。他见管宁不说话，连忙将金子扔掉说："君子不爱财。"

又有一次，管宁和华歆一起坐在席子上读书，外面传来一阵喧哗，是一位大官的车队经过。华歆立刻扔下书本，跑到门外观看大官的排场，十分艳美。他正想回头让管宁一起来看，却看到管宁拿出一把刀，将他们坐的席子从中间一分为二。

"你这是在做什么？"华歆问。

"道不同不相为谋，我们追求的东西不一样，从今天起我不再是你的朋友。"管宁回答。

"管宁割席"是我国有名的历史故事，生动地说明了何谓"道不同不相为谋"。管宁选择朋友的标准很严格，他希望自己的朋友不仅仅是个书生，还是个不醉心于名利，不贪恋于富贵的君子。友谊的最高境界是一曲《高山流水》，如果是污浊的小溪，哪里会与巍峨的高山相交相惜？交友如此，对待生活中形形色色的人，也要有基本的原则。

人以群分，想做一个重义的贤者，就要结交那些心地磊落、行为端正的君子。跟这样的人在一起，耳濡目染，日子久了自然心领神会。看到的想到的都是高尚的，自己做起来就不会偏离。如果整日与汲汲营营的小人为伍，自己也会成为苍蝇群中的一只，藏污纳垢，渐渐失去本心，变得污浊不堪。更可怕的是，你未必能察觉到自己的改变。一个人若想远离堕落，就要

235

远离那些行为不检点、品德不过关的人，否则百害而无一益。

一头驴子和一个金色的铃铛成了朋友，铃铛就系在驴子的脖子上，驴子走路的时候，铃铛就发出清脆的响声和它说话，它们每天都很快活。当驴子拉着沉重的货车返回村庄时，铃铛会故意发出很大的声音，让周围的人都看过来。人们发现驴子勤勤恳恳在劳动，都忍不住夸奖："这真是一头好驴子！"驴子很喜欢这个朋友。

一次，驴子看到菜园里的青菜冒出头，它吞吞口水，把头探进菜园，想要吃点鲜嫩的叶子，没想到铃铛突然大声叫了起来。菜园主人听到声音，拿着一条皮鞭冲了出来，将驴子打了好几下，驴子慌忙逃跑。

跑到安全的地方后，驴子埋怨铃铛："你真不够朋友！怎么能提醒别人来打我！"

"朋友相处要有原则，我这是为你好！"铃铛严肃地说，"好朋友固然要帮助你，在你犯错误的时候，更应该提醒你！"

有人说最难说的话就是真话，因为真话有时伤人，说出口就会得罪人。故事里的铃铛在驴子犯错误的时候大叫，让驴子恼怒，但真正关心你的人不怕得罪你，如果因为别人的一句实话就大动肝火，只能说明你的心胸太过狭窄，没有雅量更没有进步的需要。

人与人的关系有时厚如棉，有时薄如纸。很多人碍于情面，从不给你提意见，对你的缺点视而不见。这样的人也许会让你感到舒服，对你却没有什么好处。真正关心你的人敢于坚持原则，他们不会因为你的喜好而退步，更不会放过你的错误。只有和这样的人在一起，接受他们的监督和教诲，才能不断完善自我——比起得罪你，他们更怕你今后吃亏，这才是真正的关心。

修禅者重视和谐的人际关系、高尚的交流氛围。他们与人交往，在乎他人的品性，也会主动远离那些举止有违道义的人。因为他们知道心灵如同一面镜子，上面纤尘不染，看到的便是完整的自己；如果上面污浊不堪，看到的只是一团黝黑。一个人自己要重视大义，修养品德，更要结交那些令名君子。有美德傍身，有知己相伴，这样的人生永远不会孤独。

第 13 课

重情的人淡名利，故不独

世间最珍贵的事物莫过于感情，与家人的天伦之情，与爱人的恋慕之情，与友人的相知之情，还有对他人对世界的热情，都是无可替代的存在，有了这些，人才不觉孤独。

修禅的人同样重情，因为他们把事情看得透彻，就更明白感情的可贵。世间很多事需要看淡，如名与利，得与失，是与非，唯有重情的心，能够慰藉我们的灵魂。

人情如饭富贵如盐，重情者心安

心淡如水，人淡如菊。

在古代，盐是珍贵物品，很多人一生都没见过盐巴。寺庙里过着清苦生活的和尚更是如此，他们每天粗茶淡饭，小和尚们只有随师父出去做客时，才能吃到一些好东西。

一次，一位财主邀请寺里的僧人前去做客，师父带着小和尚到了财主家。小和尚第一次看到盐巴，他问财主："这是什么东西？为什么要把它加进饭菜里？"

"这是盐巴，把它加进饭菜里，饭菜就会变得美味。"财主说。他吩咐下人多给小和尚加饭，和师父聊了起来，他说："近日常觉心神恍惚，看了医生，医生说我身体很好。"

"我想这是富贵太盛所致。"师父说。

"富贵太盛如何致病？"财主问。

"人生富贵正如饭菜里的盐巴，作为作料，会使饭菜更有滋味；但如果只吃盐巴，就会苦涩难忍。你虽然家财万贯，却没有合意的妻子、畅谈的朋友，怎么能不心闷呢？如果能放下对金钱的执念，留意家眷的心情，与三两老友时常相聚，又怎么会心神恍惚？"财主看到吃饭吃得香喷喷的小和尚，深以为然。

人情如饭，富贵如盐，人与人之间的维系靠的就是一份感情。以利益维系的人，利益在时聚在一起，利益不在时形同陌路，利益冲突时反目成仇。名与利都是外物，不能与真情相比。没有真情只有名利的人生，就如一顿只吃盐巴的宴席，只有咸和苦——就像故事中备感孤独的富翁，他认为自己有能力享受人生，却不知该如何享受。

有时候人们会觉得空虚，明明自己有很好的生活、很高的地位，却觉得心灵空荡荡地悬在半空，没有着落。如果做出成绩没有亲近的人祝贺，遭遇挫折没有友善的朋友协助，人生就只有孤独和跋涉。而有了喜悦能够和人分享，有了痛苦有人愿意分担，就像海上的船能看得到港湾，这样的人生才能让人心安。

心安者不独。在汉语中，"独"字代表单一和孤立，人生漫漫，我们需要他人，这种"需要"并非功利性质，否则一切照顾都可以用金钱买到，何来感情？我们需要的是他人对自己真心的对待，特别是在生病时、伤心时、彷徨时，他人的关怀就尤为重要。金钱可以买到很多东西，但买不来真情真意，所以重情的人淡泊名利。

村里有位年近七十的老大爷，平日酷爱养花。有一次，老大爷的儿子给老大爷寻找到好品种的菊花种子，第二年秋天，老大爷的花园里开满了美丽的菊花，香味一直飘到村头。老大爷经常在花间漫步，有时喝上一杯酒，很有"采菊东篱下，悠然见南山"的感觉。

村里的人看了心生美慕，都来向老大爷讨要菊花，想要移植到自己家中。老大爷很慷慨，只要有人来要，必然挖出开得最好的送给那人。没过多久，一花园的菊花送得干干净净。老人的院子里只剩下一堆土，但他仍然每天散步喝酒，飘飘若仙，村里人看了都称赞他。

老大爷的儿子回来看老大爷，只见花园里没有一朵花，他奇怪地问："怎么，我送你的菊花种子不能开花？"老大爷说："怎么不能开花，你难道没看到，村子里每家每户都有你送的菊花。"儿子仔细一看，果然，每家每户都飘着清雅的菊花香气。

淡泊名利的人能够接近禅境，在他们心中感情就如花香，不必拘于自己的园子，将它放在更多的地方，就会让更多人享受到一份怡然。故事中的老人不计较个人的得失，他明白好花要由众人一同欣赏，一个园子的花香只是剪影，一个村子的花香才是风景。

禅心之上处处皆有风景，因为把名利看淡，注重的便是人生的那一份快慰。很多事可以自己做，但如果和他人一起做，进度就格外地快，感觉也格外地好。享受彼此扶持的那份情谊，也享受了两心相安的依靠感，这样的人生才会格外踏实温暖，让人留恋。

重情的人不会被他人孤立。你看重什么，自然会着意维系，不会冷眼看着他人遭受厄运，也不会损人利己，只顾自己的名利。不必说富贵如浮云，这样说的人未必做得到；也不必感叹人情冷暖、世态炎凉，如人饮水，你的水温应该由自己加以调节。将那些身外之物看淡，体会和把握人世间的真情，如此心境才能安稳，生活才有真正的滋味。

贪欲是人性的陷阱，不要变为物质的奴仆

贪欲让人走向最坏的地方。

众弟子请禅师讲讲贪欲，禅师说："与其我来讲，不如让你们看看实际的例子。"

禅师带着弟子们到一个城镇，他对一个乞丐说："这位施主，我会问你一些问题，如果你如实回答，我会送给你五百钱作为答谢。"乞丐高兴地答应了禅师。

"请你回答我，如果你有了这五百钱，你会用来做什么？"禅师问。

"我要去对街的饭店好好吃上一顿，然后再去美美地睡上一觉。"乞丐对禅师说。

"那么，如果你身上有三串钱，你会做什么呢？"禅师继续问。

"那么我就要找个旅馆，买一堆美味食物，欢欢喜喜过上一天。"

"如果你有一两银子，你会做什么？"

"我要买几件好的衣服，干干净净地走在大街上。"

"那如果你有一百两银子呢？"

"那我就要买几间房子，再也不做乞丐。"

"如果你有一万两银子呢？"

"我就去做大生意，住最好的房子，再找个美女做老婆。"说到这里，乞丐已经乐得手舞足蹈了。

禅师说："多谢，我的问题问完了，这是五百钱，请你拿好。"

回去的路上，徒弟们感叹："人的欲望果然不能满足，难怪人们都说欲壑难填。"

贪如野火，名利害人。禅者知欲壑难填，所以远离欲望，而世间凡俗之人却总是利欲熏心，不知满足为何物。就像故事里的乞丐，最初的愿望不过是一碗饭，到了最后就想功名利禄事事齐全。他最后得到的也不过是一碗饭，名利富贵如南柯一梦，只能让人感叹。

我们只是凡人，做不到无欲无求，我们需要满足自己的生存，需要更好的生活条件让自己和家人身心愉悦，需要更高的地位证明自己的能力。适度的欲望对人有激励作用，这些都是正常的，应该的。但要知道满足欲望不是人生的全部，一旦欲望过了度，就会造成内心的极度不满足。人们会希望自己能够获得更多，为此苦心孤诣，再也不去想其他事。

过度的欲望是一把悬在头上的利剑，有人明知它的危险，却为了自己的享受铤而走险；有人无视它的存在，红着眼只想抓住名与利，直到被这把剑弄得遍体鳞伤。生活的快乐早已远离了他们，名利的火焰时时灼烧他们，他们备受煎熬，却再也不能挣脱。

徐华是都市一位普通的白领。这一年生日，她收到一份昂贵的礼物：一个有名品牌的手提包。这手提包抵得上徐华大半年的薪水，她十分开心地将礼物捧回家。

没想到，烦恼接踵而来，有了这个手提包，徐华认为自己不能穿太旧或质地不好的衣服来搭配，她只好动用存款买了一批衣服。渐渐地，她看着自己使用的物品也觉得不顺眼，只好依次提高物品的档次。渐渐地，她开始羡慕奢华的生活,几乎把全部的工资都用来满足她的物质需求。她痛苦地发现,一个手提包,竟然完全改变了她的生活。

心怀贪欲的人永不满足,他们的贪欲一旦被某个小事物触及,就会一发不可收拾。虚荣心在膨胀,被得不到的空虚感折磨,尽一切可能满足自己的欲望,却发现欲望是个黑洞,越填越深,越想越痛苦。所以就像故事中所讲的那样,一个手提包就能毁掉快乐的心情,甚至原本安好的生活状态。人一旦虚荣,就会陷入物质的泥沼,无法脱身。

被欲望捆绑的人,就如同着了魔一般每天都想着得到更多的东西,但他们只得到表面上的热闹,而不是真正的生活。他们追求的仅仅是生活的那个壳子,总想着让它漂亮一点,更漂亮一点,却逐渐掏空了它的内质。终有一天,他们会发现这个漂亮的壳子如此空洞,如海市蜃楼般只适合远远看一眼,根本不能居住;他们才会发觉长久的努力换来的只有疲惫与麻木,人生至此了无生趣,却还要守着黄金屋子继续过活。

有禅心的人懂得主动远离欲望,他们认为凡事适度就好,不会贪得无厌。就像一顿筵席,他们不会紧盯着一道菜不放,而是酸甜苦辣都尝尝,这样一来五味俱全,营养丰富,自然就有好的身心状态。永远要记得虚荣不是自尊,要做物质的主人,而不是被它驾驭的奴仆。

放下架子,矜名不若逃名趣

肯低头的人,永远不会撞到矮门。

一个大四学生想要留在大都市,几经求职,都找不到合适的工作,他的心情越来越沉重。他的家庭贫困,不能为他提供生活费,生计问题切切实实地摆在眼前。这一天,他在食堂闷闷不乐地吃着饭,这四年来,他最喜欢这个窗口的饭菜,几乎天天光顾。

食堂里没有什么人，窗口的老板坐下来和他闲聊。知道了他的困难，老板说："大学生不是找不到工作，而是眼光太高，很多工作都不愿意做。如果你真想找个活计，我可以提供你一个选择：我最近要回外地陪父母，这个窗口没人管，我看你人挺诚实，不如你来帮我管一管这个窗口，就是帮我给学生卖卖饭。我在外面还有几个饭店，如果你做得好，以后你也可以去工作。"

这个学生本来想拒绝，但想到老板是一片好心，自己又急需生活费，还是答应了这件事。起初，面对老师、同学、认识的学弟学妹惊讶的目光，他觉得脸上发烧。没过几天他就镇定下来，他慢慢地熟悉了这样的环境，做起这些事来也更加得心应手了。他准备在老板手下好好学习几年，以后自己也开个饭店。

大学毕业，就业是个难题，多数人希望留在大城市、进大公司、有大作为……追求这些"大"，是因为他们认为自己是天之骄子，不能不做大事，否则辜负了自己四年的学习。那些硕士、博士眼高心更高，心志更大，普通的工作，他们甚至都不会考虑。他们太过看重自身的一点成绩，追逐的不过是一点名利，无形中，他们对这个世界端起了架子。

每个人都会希望自己有端架子的实力，多数人却只有空架子。一旦他们看重了一点虚名，就站在架子上不肯下来。别人都在辛辛苦苦地为地基添砖加瓦，他们却坐在空架子上自诩自己高人一等，事实上那高度是空的，一有风吹草动，别人安享着结实的房屋，他们却在架子上摇摇晃晃，哆哆嗦嗦，后悔当初还不如放下身段，踏踏实实从基层做起。

名利是负累，过去的成绩会阻碍你的前进。不必总强调自己是什么样的人，有什么样的资历，重要的不是你曾经做了什么，而是你现在能做什么。太过强调自我的人，往往色厉内荏，被别人当成一只纸老虎，根本不放在眼里。那些懂得隐藏成绩，懂得把自己放低的人，才是真正的实力派，他们平日不声不响，却总给人意外的惊喜。

罗尼是一家小超市的老板，他是个和蔼的胖子，他给的工钱不多，但来打工的人都很喜欢他，因为他是一个没有架子的人。

安妮一直在这里打工，从大一到大三，她说她跟着罗尼先生学会了很多东西。当她刚来这个超市打工的时候，有一次她在收款的时候出现失误，导致顾客对她大骂。这时，罗尼先生很平静地对她说："如果我是你的话，我就对顾客道歉，和平解决这件事，因为不论谁是谁非，影响的都是自己的形象、超市的声誉。"

后来，安妮发现罗尼先生从不摆老板架子教训人，当他想要提出什么意见，总会以朋友的口吻说："安妮，如果我是你，我会……"这样一来，安妮即使做错事被批评，也不觉得难堪，反倒觉得罗尼先生是真心实意为自己着想，鼓励自己。再后来，安妮加入学生会，成为部门干部，她在工作中也像罗尼一样，果然与部员相处融洽，大家都夸她是个好"领导"。

架子和面子是两回事，一位经理应该有经理的威严，维护他的面子，但不一定总是要做出高人一等的姿态，教训手下总，训斥他人。故事中的罗尼先生在批评他人时，注意交流方式，不给人脸色，不让人难堪，即使是批评，也让人感觉到温暖与关心。这样的人得到员工真心的喜爱和敬重，更有面子。

有人做事喜欢端着架子，俨然把自己当成一个人物，以为这样就能不被人小瞧。事实上你端着架子，未必让你看起来有多少丰功伟绩，反倒伤害了你与他人之间的感情，容易造成他人情绪上的对立。端着架子的人很像树上的猴子，人们看到的不是它灵巧的身手，而是那红彤彤的屁股，难免要在心里嘲笑，轻视这种肤浅。

自重的人只对自己端架子，一颗禅心就是一个架子，放在上面的不是虚名与负累，也不是重重的疑心和思虑，更不是与人相处时的那点小小虚荣，而是人生的起伏和一份平稳的心态。比起那点可怜的仰视，他们更重视人与人之间的平等交流，他们对别人会放下架子，只保留欣赏与尊重，就算有再多的成绩，看上去依然平易近人，温和亲切。

任何时候，都要为自己的亲人骄傲

为亲人骄傲，才能让亲人骄傲。

玄奘法师西游的时候路过一个西域国家，那个小国是商人们经常落脚的地方，有不少大唐制造的物品。玄奘法师在休息时，偶尔看到一把绢制的团扇——这正是家乡才有的东西。

拿起这把团扇，想到自己远离家乡，玄奘悲从中来，不禁哭泣。看到的人议论说："亏他还是大唐来的高僧，竟然为一把家乡的扇子哭泣。"那个小国最有名的僧人听说这件事却说："思乡思亲乃人之常情，这位高僧真是至情至性不作伪之人，令人敬佩。"

唐代高僧玄奘跋涉万里，求回佛教真经，这个故事历来为人们传诵，更有《西游记》这样的小说流传于世。玄奘修为精进，禅心高妙，他为故土的团扇流泪，可见禅者并非无情之人，所谓超脱世俗也不是冷情冷意。人如何能忘记生养自己的亲人，培育自己的家乡？落叶为何归根？只因心中那化不开的依恋。

血浓于水，亲情是世界上最无私的感情，养育之恩、培育之恩，这些都是我们不能忘记的。中国自古就讲究孝悌，不孝被视为一种大不敬，也是一个人道德上的污点。生活在现代社会，我们不必要求自己如同《二十四孝》的那些孝子们那样卧冰求鲤，彩衣娱亲，事实上那本书中有些孝子的做法，以今日的眼光看来稍显做作。

真正的孝顺在于一份心意，心意不在多少，只看你有没有想着。有一首歌里说："父母不图儿女为家作多大贡献，一辈子不容易就图个团团圆圆"，能够惦记父母，为父母着想，尽力报答生养之恩，常常看看父母，与父母通个电话，这就是尽了儿女的本分。

美国总统亚伯拉罕·林肯出生在一个小木屋里,他的父亲是一个贫苦的鞋匠。当林肯竞选总统的时候,他的身份引起了他人的嘲笑。有一次,林肯要进行一次演讲,一位议员公开说:"林肯先生,在你演讲之前,希望你一定要记住,你只是个鞋匠的儿子。"

林肯并没有露出羞愧的表情,他站起身,自豪地说:"没错,非常感谢您在这个时候让我想起我的父亲。虽然他已经过世,但我要说,他是一个伟大的鞋匠,如果各位曾在我父亲那里修过鞋子,如果你们的鞋子出现任何问题,我都可以修好他。虽然我没有父亲那么好的技术,但我从小也跟他学了一些手艺。"

然后林肯又对其他人说:"在座的各位如果穿着我父亲做的鞋子,如果它出现问题,我也会尽可能帮忙。但是,我的手艺无法跟我父亲相比,请各位见谅。"

这一番话,听者无不感动,台下响起了经久不衰的掌声。

林肯被称为"小木屋里的总统",他的父亲生活贫困,这种出身在当时经常被政敌嘲笑。但不论在任何场合,林肯都以自己的父亲为骄傲,他明白看轻父亲,就是看轻他自己,尊重父亲,也是尊重他自己,尊重普天下的父亲。一位伟人能够被人怀念,并不仅仅是因为他的功绩,还因为他有一颗平常人一样的心,让人觉得亲切。

人们尊重那些重视亲情的人,在常人看来,对父母好的人,就是知恩图报的人,他对别人也不可能太坏。所以交朋友要交那种以父母为骄傲的,这样的人才懂得感情;谈恋爱要找那种孝顺父母的,这样的人才会重视家庭。一个重视亲情的人不会没有责任感,他明白自己做的事不单单为了个人,还为了支持他、爱护他的亲人。

亲人是我们最强大的后盾,不论你遇到多大的困境,亲人也不会离开你、背叛你。他们的力量也许并不强大,他们的信任却能够鼓舞你、安慰你。从小到大,从平凡到优秀,我们在亲人的呵护下一路走来,看过太多他们的汗水,任何时候,都要为自己的亲人感到由衷的骄傲。

爱情,就要学会付出

真实的爱应不给人压力、不计较得失。

一个少女走进一座寺院,向禅师倾诉她的烦恼,她不明白一直追求自己的男孩为何不再理会自己。禅师说:"你先告诉我,你是怎样对待这个男孩的?"

"我认为女孩子对待爱情要矜持,所以,尽管他对我很热情,我却不敢表露我对他的喜欢,只是平平常常地跟他交往。"

禅师说:"这就是问题所在,我这里有一盏油灯,现在你点亮它。"

女孩依言点亮油灯,油灯烧了起来,明亮温暖。没多久,火焰变小了,女孩说:"是不是要再添一些油,它才会继续燃烧?"禅师摇摇头,只见那火焰越来越小,最终熄灭了。

禅师说:"人与人的关系讲究缘法,也讲究方法,你和他互相爱慕,便是有缘,但你一味等待对方付出,自己没有一点表示,他的爱就会像灯芯一样燃尽。"

问世间情为何物,直教人生死相许。千百年来,人们讴歌纯洁的爱情,每个人都希望在茫茫人海,遇到一个相伴终身的爱侣。不过,每个人都有自己的脾气,在对待爱情的时候,自然也就有不同的方式。故事中的女孩费解他人的爱情为何冷却,禅师告诉她:爱是双方的,火焰想要燃烧得久,就要不断补充灯油。爱情就是这样一个得到与付出不断交替的过程。

佛家讲究缘法,能够成为情侣的人自然便是有缘人。但人们常常感叹爱情不易长久,相爱简单相处难,有时候不经意的磕磕碰碰,就改变了它的性质,令某个人失去了最初的感觉,心灰意冷。激情会消散,留下的就是一种更为长远的关系。想要天长地久,就要动点脑筋,多多维持和经营这段关系，这就需要无私的奉献。

有科学家做过实验，发现两个人相处时，如果一方付出过多，一方付出过少，感情就会失衡，关系就不长久；只有双方都在付出，才能保证关系在平衡中得以维持。爱情是自私的，除了两个人之外容不下任何其他东西；它也是无私的，在得到的同时，每个人都要学会付出。付出不仅是指对对方的照顾，也包括对对方的体谅与宽容。

程伟是一个工程师，经常在全国各地负责施工监督。因为工作太忙他根本无法照顾家庭。朋友们都很担心他，有人劝他说："不如换一个轻松点的工作吧。不为自己想，也要为你太太着想，女人一个人待久了就会心生怨恨，以后她会经常抱怨你。"

程伟说："我太太是个明理的女人，她特别懂得体谅我。我们谈恋爱的时候，有一次我忙一个工程，半个月没有和她联系。我以为她一定会大发雷霆，甚至跟我分手。没想到她只是来了一封邮件，嘱咐我注意身体，如果有时间就给她回一封信，简单说一下近况就行。"

"真是一个懂得体谅人的女人。"朋友们听完不禁感叹这位太太的心胸和体贴。

两情若是久长时，又岂在朝朝暮暮。经常分居的爱人之间难免有所生疏，如果一方事务为烦恼，更会造成对另一方的冷落，这时感情就会出现危机。不过，如果能有一份宽容的心态，设身处地为对方着想，相信对方并非不记挂自己，自然也就不会计较区区离别。

现代人总想追求浪漫，希望爱情关系中随时都有激情，但真正长久的爱情靠的并不是一时的激情，而是长久的付出与照顾。人们形容夫妻关系就像左手与右手，虽然平淡，却谁也离不开谁。在闹矛盾的时候，不妨想想对方的心情，与其用左手打右手，不如用左手抚摸右手，这种温柔才合乎爱情的本质。

想要维持爱情的新鲜，就要有适当的保鲜策略，体贴与谅解是爱情最好的保鲜剂。体谅对方是心灵上的付出，两个人如果都能尽量体谅对方，灵魂就能渐渐合二为一。缘分来之不易，爱情需要用心珍惜。茫茫人海，有一个贴心的爱人与自己相伴，任何时候都不会觉得孤独，那是怎样的一种幸运，又是怎样的一种幸福与满足。

求同存异，是友情的基础

朋友身上难免有你不理解的地方，如果你不能包容，你们和陌生人有什么区别？

冬天到了，大地一片白茫茫。一只饿了几天的狼卧在一户人家的篱笆下，看门狗跑过来同情地说："老兄，你怎么这么凄惨？这是我从屋里拿出来的肉，你吃了它，休息一下吧。"

狼吃了肉，感激地说："多谢你，要不是你，我一定会饿死。今年冬天的雪可真大。"

狗看着狼瘦弱的样子，说："你要不要考虑替我的主人看家？这样你可以住在温暖的屋子里，每天都有肉片和食物。"狼摇摇头说："不了，狼和狗不一样，如果不能随便走动，每天要拴着链子，我会难受死的！"狗说："我们的确不一样，我更喜欢和主人在一起，互相依靠，互相照顾。不过我愿意和你交个朋友，如果你什么时候找不到东西吃，就来我这里，我会尽量招待你的，只是要注意别让我的主人看到……"

"没问题！"狼开心地说，"你是一个值得交往的朋友，我一定会经常来看你，如果有什么事也不会跟你客气！"

从此，狼经常来看狗，告诉狗很多大千世界的见闻，狗也经常在狼挨饿的时候提供食物，它们虽然志趣不同，依然是一对好朋友。

海内存知己，天涯若比邻。大千世界，每个人都需要朋友。你快乐的时候，他们陪你一起笑；你悲伤的时候，他们借出肩膀让你哭或者陪你一醉方休;你有困难的时候,他们及时伸出手拉你一把。朋友一生一起走,好的朋友是每个人一生最大的财富。

人生在世知己难求,有了好朋友,每个人都想珍惜。人与人个性不同,朋友之间也会有摩擦和冲突,也有不同的选择和道路,没有人能够自始至终与你保持一致。当你发现对方的不同,需要做的就是求同存异,而不是要求对方做出改变来迎合自己。

就像故事中的狗与狼,他们有各自的生活,但却保持对彼此的关心,分享各人世界里的喜怒哀乐。他们也许始终不能理解对方,但却是快乐的,这份不一样的陪伴让他们增长见闻,体会了另一种人生。最重要的是他们知道,有困难的时候对方一定会帮助自己,孤单的时候对方一定会来安慰自己——心灵上的陪伴,正是友情的真谛。而求同存异,是友情的基础。

英国是个讲究绅士风度的国家,在那里,每个人从小就受到尊重他人的教育。

一次,一位贵族邀请一位亚洲客人到家里做客。这位贵族家里很讲究,用餐前需要用柠檬水洗手。当清亮的柠檬水被端到客人面前,客人以为这是用来喝的,为了表达对主人的热情,客人端起精美的小盆子一饮而尽。当时还有很多客人在场,看到这一幕,都很吃惊。

主人没有纠正客人的错误,为了照顾客人的面子,他也把面前的柠檬水端起来,喝得一滴不剩。其他客人看了,也喝掉了面前的柠檬水。大家都赞叹主人的素养,既避免了客人的尴尬,又让晚宴顺利进行。

对待朋友,我们需要求同存异,求同存异代表一种对对方人格习惯的尊重。这种尊重应该存在于一切行为中,与陌生人交往更是如此。故事中的英国贵族看到客人弄错了用餐规矩,他想到的并不是纠正——为什么让客人为一件自己并不了解的事当众出丑呢? 这位贵族有真正的绅士风度,相信在场所有人都会觉得他是个值得深交的人。

人与人不同,永远不要希望对方和你一样,你坚持的未必是正确的,他人的行为就算你看不顺眼,也不一定是错误。你能够容忍的差异越多,择友范围就越广，也能与更多的人友好相处，因为你对人的尊重与理解，好像一道阳光，照得人心里舒服。

禅者宣扬友善，中国历史上不少禅师因交往广泛留下诸多佳话。人生在世，哪个人能缺少朋友？好的朋友为你付出，为你指路，为你保留一方友善的天空，这是你一生的财富。正因如此，对待朋友，你要付出更多的耐心与宽容，才对得起你们之间珍贵的情谊。永远不要挑剔朋友，朋友的优点会让你一生受益，朋友的关怀会让你时刻温暖。

帮助是雪中送炭，而不是锦上添花

帮助他人的时候如果瞻前顾后，还不如低头走自己的路。

古时候，有个书生走在大路上，发现一条小鱼陷在深深的车辙里。车辙里的水已经干涸，小鱼奄奄一息，看到书生，它挣扎着说："善良的书生，请你救救我，别让我渴死。"

书生同情小鱼，对它说："你真可怜，我这就去禀告国王，开凿水渠，将大河和东海的水引到这里，这样你就可以自由自在地生活了。"

小鱼骂道："你随便舀一瓢水给我，就能救我一命，可是你却在这里夸夸其谈，等到你说的水渠开凿完毕，我早就渴死了。你真的要救我吗？"

小鱼马上就要渴死，路过的书生发下宏愿，要给小鱼开凿水渠。想要帮助他人是件好事，但要知道远水不解近渴，有心不一定就能帮助人，用错方法也帮不了人。就如在沙漠里干渴的旅人，海市蜃楼再美，也不能让他解渴，切莫让自己的好心成了他人的海市蜃楼。

一个重视他人、关心他人的人，必然有爱心，愿意帮助他人。但帮助也需要头脑，别人需要帮助的时候你去帮助，人家感激你；别人不需要帮助的时候你非要帮人家做事，人家会以为你精神出了问题，或认为你无事献殷勤,别有所图。可见好心应该有,但要放对地方。

张先生路过街边的广场,听到一阵阵叫骂声,走近一看,才发现广场上有一群孩子在打架。其中一个孩子被打翻在地,其他孩子上去拳打脚踢,被打的孩子发出呼救声,其他的孩子不管不顾,不肯停手。直到地上的孩子再也爬不起来了,其他孩子才扬长而去。

张先生心生同情,就从口袋里拿出手帕,上前想要扶起那个孩子,孩子却说:"我不需要你的帮助,刚才你明明看到了他们在打我,你只要出言制止,就可以让我不再挨打。可是你没有说话。你以为我现在需要一条包扎伤口的手帕吗?"张先生听了,惭愧不已。

在他人需要的时候提供帮助,是雪中送炭,等到他人渡过了困难,你再赶过去说要帮助对方,最多算是锦上添花。人们怀念的是寒冷时候的炭火,而不是热闹时候的一朵鲜花。故事中的张先生显然犯了这个错误,所以他得到的不是感激,而是轻视。

当然,我们帮助别人的目的并不是为了让人怀念,而是为了自己的善心。但善心不能以正确的方式及时表达,对他人对自己都是一种遗憾。既然相信人与人之间的感情,选择帮助别人,那就要将这件事做好。帮助别人不但要帮到底,帮助别人也要帮得好、帮得对。

在我们的生活中,每个人都需要他人的帮助,将心比心,我们需要的究竟是什么样的帮助?首先我们不需要那种全权代办式的帮助,这种与溺爱无异的关心会让我们无法亲力亲为,无法得到克服困难的能力,让我们只能依靠别人;我们也不需要那种带有附加条件的帮助,或者说,我们能够接受利益交换,但不能忍受有人以"帮助"之名,为的是索取回报;我们更不需要那种说着帮助,在一边袖手旁观的朋友;还有一种帮助让我们头疼,就是有些人不了解情况,好心办错事。总结了这么多,你应该知道如何帮助他人:不越俎代庖,不索取回报,不隔靴搔痒,更不要拖人后腿,这就是真正的帮助。

给予使生命焕发无限光彩

幸福并不是只关注自己的幸福，而是在别人的幸福中，不断追求自己的幸福。

一个贫穷的山寺缺衣少食，僧侣们过着苦修的生活，就连他们用来去山下挑水的木桶都是残缺的，每次挑一桶水会漏掉小半桶。这一天，木桶对老方丈说："我真不明白，你们一个个面黄肌瘦，就像我一样，明明已经坏了，还要辛苦地工作。"

老方丈说："难道你认为自己很没用吗？"

"当然，我每天盛水有半桶洒在道上，你说我有用吗？"

"那么你有没有发现，在你经过的地方，花草长得特别好？就是因为你是漏的，才滋润了它们。"方丈说，"我们也一样，我们生活得不好，却给来这里的山民们讲佛法，解释他们心中的疑问，这就是对他们莫大的帮助。"

听了方丈的话，木桶若有所思。第二天，木桶仔细观察自己经过的路，果然一路繁花，春意盎然。

也许是现代社会太过功利的特性使我们无暇与更多人接触，也许是生活的高速运转让我们不能停下来看看别人，我们经常听到人们感叹人情冷漠，人与人的距离越来越远，在大城市再也找不到那种邻里之间把酒闲话的场面。或者可以说，像故事中的老方丈那样懂得给予的人越来越少，更多时候，人们关注的是自己，以及自己的利益。

一颗自私的心无法体会真正的感情，与其感叹人情味越来越淡薄，不如看看自己都做了什么。你愿不愿意常常关心他人的心情和需要？愿不愿意为公益奉献一份力量？愿不愿意听人倾诉、给人帮助？愿不愿意在心情不佳的时候克制自己的脾气，为的是不影响到别人？给予有很多种方式，为他人着想是它的内核，懂得给予的人才能懂得真情。

送人光明,手中留光。给予让人越发明白感情的珍贵,当你帮助别人时,你听到的是感恩的话语;当你安慰别人时,你看到了止住泪水的眼睛;当你关心别人时,你感受到对方内心散发的幸福……给予他人,你能够得到的并不是利益,而是他人的一张笑脸,但这张笑脸却能给你真正的发自内心的满足。

一个吝啬的富翁总觉得生活中少了点什么,他的妻子经常劝他:"金满筐,银满筐,到头不过一土筐。你有这么多钱,不如接济邻里,行善积德。"富翁总不把妻子的话当一回事。

这一天,富翁又在闷闷不乐,妻子对她说:"你不如站在窗户旁看一看外面。"富翁说:"外面有很多人,挺有意思。"妻子说:"你再站在镜子前看一看。"富翁说:"只有我自己。"妻子说:"人的心就像玻璃,本来是内外通透的,一旦你涂上一层银,就只能看到自己。"

富翁思索了几天,终于想开了。从此他按照妻子说的,常常把家里的粮食、钱财送给有困难的人。久而久之,他的名声越来越好,喜欢他的人越来越多,他也渐渐享受到内心的安乐。

生活中有很多不能缺少的东西,衣食住行不可缺少,亲友家人不可缺少,快乐的心情同样不可缺少。有善心的妻子劝富翁积德行善,就是让他不要只看着自己,要与他人多多分享,他得到的不只是一份好名声,还有越来越开阔的心境和越来越平和的性格。

快乐来自分享而不是占有,情谊来自给予而不是吝啬。懂得给予的人负担会越来越少,心灵上的拥有则会越来越多。他们得到的不仅仅是旁人的感激,还有帮助他人之后的充实感,这种充实能让一个人由内到外欣赏自己。因为善良,因为给予,因为对他人的关怀,使你的整个生命提高到一个新的层次,不是为小我,而是成就大我,你的人生自然焕发别样的光彩。

禅者慈悲大度,重视人与人之间珍贵的情谊,他们喜欢把美好的事物与人分享,让每一个人切实地感受到快乐,即使自己一无所有,他们也觉得自己是幸福的。名利迷人眼,难得的是这一份情怀,让心灵始终浸润着清风明月,从不失落。

第 14 课

知足的人常快乐,故不老

李叔同说:事能知足心常惬,人到无求品自高。人们常常觉得生活给予的不过是紧张与烦躁,悲哀与苦闷,于是人虽不老,心态已然垂老,没有半分热情。

禅者知足,既愿意品尝甘甜,也愿意承担苦涩,因为这都是生活的馈赠。唯有明白自己所拥有的,珍惜自己所拥有的,才能真正明白何谓年轻,何谓快乐。

有求皆苦无求乃乐，知足者惜福

如果能平平安安度过一天，就是一种福气。

养老院有个年近百岁的老人，无儿无女，靠着退休金在养老院生活。养老院里的老人大多病体奄奄，闷闷不乐。这位老人却精神矍铄，看上去无忧无虑。

有人问他："我听说你只是个普通职员，没什么成就。身后没有儿女，也没人孝顺你，你为什么还能这么乐呵？"

老人回答："各人有各人的追求，我是个没什么特长也没什么野心的人。年轻的时候，我无拘无束，该吃吃，该玩玩，身体强健，性格乐观；成年后我不与人争夺，凡事想得开，心境一直不错；年老了，我没有妻子儿女，无牵无挂，还有这么长的寿命，我怎么会不快乐？"

提到养老院，人们首先想到的是同情。人老了本该在儿女身边颐养天年，有些人却因为无儿无女、儿女太忙或者儿女不孝，不得不住进养老院。想到自己奋斗辛苦一辈子，最后只能坐在养老院的椅子上，看着四面院墙和一群与自己同样白发苍苍的老人，心中的滋味自然不会好受。也有极少数的人看上去怡然自在，就像故事中的那位老人。

一位无牵无挂、在养老院里悠然自得的老人，看上去更像一个禅者。禅者欲求少，年轻的时候享受年轻的乐趣，年老了享受年老的轻松，不汲汲名利，也不灰心丧气，顺其自然地过着自己的日子，似乎生命的每一个阶段都能让他欣慰，给他力量，这样的人生状态让人羡慕不已。其实有这种状态并不难，只要你懂得知足。

知足者惜福，我们常常忘记任何事其实都有"福"的一面，即使是灾祸，也藏着转危为安的机遇；遇到顺境，更值得我们感激。但是，如果贪心不足，整天对现状唉声叹气，认为自己不幸，生活就真的在你灰暗的眼光中变得不幸起来。以不知足的眼光，小事遇到挫折是倒霉，大事遇到挫折是命运，人生下来是为了受苦，再多的成绩也不能让自己开心一笑，这样的人生当然就没有幸福可言，因为你根本没有珍惜。

邓肯与苏珊结婚十年，虽然没有子女，日子却美满幸福。有一天，不幸的事情发生了，苏珊被车祸夺去了双腿，从此愁容不展。

为了能让苏珊开心，邓肯想了很多办法。但是，不论是带苏珊外出旅行，还是陪苏珊在家里解闷，苏珊仍然不开心。邓肯请教了很多朋友，终于想到一个办法。

这一天，邓肯将苏珊推进一家小书店，里面有一架架的书，还有煮咖啡和做点心的吧台，七八套喝茶看书的桌椅。邓肯说："在家里闷着也是闷着，不如你开一个小书吧。我已经雇了人进货和打扫店铺，你每天只要负责做点心、煮咖啡、照看客人。"

有了这个小书吧，苏珊像是重新找回了生命的意义。她每天很积极地研究如何烤制美味精致的点心，煮香浓的咖啡，也会留意该进一些什么书到店里。邓肯的一些朋友来过店里，对邓肯说："我为你粗略算了一笔账，你们开这个书吧，每个月都不会赚太多钱。"

"赚钱并不是最重要的，重要的是满足了她的内心需求，只要她每天快乐，就比什么都好。"邓肯这样回答朋友。

有时候，我们会觉得命运十分苛刻，生老病死，顺境少逆境多，想要的东西常常得不到，幸福的感觉也总是不长久，更有突如其来的厄运让人饱受折磨。就像故事中的苏珊，原本安乐的女人突然失去双腿，再也不能行走，就算坚强地接受了现状，生活何来快乐？苏珊的答案是积极地努力，寻找自己的意义，满足自己的内心。

人们内心究竟需要什么？在纷纷攘攘的日常生活中，我们也许察觉不到。大病之后的人、大灾之后的生还者却能很清楚地告诉你：活着，尽可能让自己快乐，这就是我们最需要的东西。这个答案与名利无关，与他人无关，只和我们的内心相连。内心是光明的，有困难便可以渡过，内心是阴冷的，处处了无生机。所以，我们希望自己有一颗平静的禅者之心。

修禅的人最懂知足，知足是一种"无求"的状态，"无求"就是满足于现状。知足的心如一潭平静的池水，不一定清澈，却有丰富的内容。世间最难的事就是知足，因为不知足才有了许多烦恼，一旦你学会满足现状，就会很自然地发现万事皆有乐趣。即使是在困境之中，懂得知足的人也会为超越自我而欣喜。

知足的人不易衰老，不易因困境而委顿，他们的内心深处有灵泉汩汩，喷涌着智慧与生机。这智慧来自对世情的体察，这生机来自对他人的感恩，自然不会随时日变化，他们的内心永远纯净、年轻。禅心知定，能够保持自己的清净，不被世俗所扰；禅心也知足，能够无愧于心，无求于事，知足常乐。

忧郁者虽富而贫；快乐者虽贫而富

粗茶淡饭与锦衣玉食最大的差别，只在当事人的心态。

据说，神灵创造世界的时候，想要把快乐作为礼物送给世人。可是神灵认为快乐不应该轻易得到，否则人们就不会珍惜，于是决定将快乐藏在一个地方。

神灵首先想到的是高山，如果把快乐藏在高山上，是不是很不容易被得到？很快，神灵否定了自己的想法，因为高山显而易见，每个人都知道。

神灵又想把快乐藏在海里，但是人们一定能够造出舟楫得到；于是神灵又想把快乐埋在土里，但很快他又否定了自己，因为只要挖掘，所有人都能找到。

最后，神灵发现一个最容易被人忽略的地方，这就是人的心灵。只有将快乐放在人的心里，才最不易被人发觉，因为所有人都想不到，快乐就在自己身上。

每个人都希望自己快乐，谁不想每天展露笑脸，常常有幸福的感觉？

人们殚精竭虑所追求的，不过是成功那一刻的舒心与喜悦。但快乐难得，而且来去匆匆，我们总是想着有没有一个地方埋藏着快乐的秘密，让我们从此不必烦恼。其实，快乐的秘密在每个人心中。

快乐是真正的财富，一个人即使家财万贯，官运亨通，如果他不能让自己开心，生活对他就是一种折磨，这样的人并不富有；相反，那些即使贫穷，却享受着家庭的幸福、拼搏的快感、突破自我的喜悦的人，才是真正的富翁。前者的人生已经停止，后者的人生却日益扩大，他们有广阔的心灵，一生都不会贫瘠。

修禅者最重视心灵的宝藏，心灵应是宁静的，也应该是生气勃勃的，有不间断的神思与活力，生长着快乐的种子。其实只要善于发掘，我们每个人都能发现很多快乐的种子，有些人有出众的才貌，有些人有良好的品性，有些人有积极的爱好，有些人有执著的事业……所有这些都能让你的心灵茁壮。

一只山鸡正在山里唱歌，有只凤凰飞了过来，山鸡说："凤凰！停下来歇一歇，给我讲讲扶桑国的事吧！我听说你住在那里！"

凤凰落了下来，说："扶桑国在东海边，那是一个美丽富庶的国家，也是鸟类的天堂。那里有最好的土地，最温柔的风，最美味的食物，最清澈的泉水，你要是愿意，就和我一起去那里吧。"

"不，"山鸡说，"我只要听一听那里的事，长一点见闻就可以了。"

"难道你不愿意去扶桑国，而要一辈子在这个穷山沟里吗？"凤凰不解他问。

"我年轻的时候，曾经去过扶桑国。"山鸡说，"我一路跋涉，去到了那个地方，却发现那里并不适合我，并没有我想要的生活。于是我回到了这里，这里虽然偏僻，却有我的幸福。我请你下来问问扶桑国，只是想知道那里的近况。"

每个人都有自己的追求，但追求不是生命的全部。你的追求未必是他人的追求，你的快乐更不是他人的快乐。子非鱼，不知鱼之乐，不必像故事中的凤凰那样对他人提意见。你要做的是寻找属于你的那一份快乐，你的心觉得好，才是真的好。

有些人因求之不得而忧郁,他们大多羡慕别人的生活,常常容易否定自我。他们理想的生活常常与物质紧紧相连,在他们看来没有好的物质基础,一切便是枉然。但世界上究竟有多少人能成为大富翁?又有多少富翁真的懂得快乐?在能力允许的范围内,财富能给我们带来好的生存条件;但如果能力不允许,你不能得到想要的财富,生命便没有快乐吗?

修禅的人首先要做一个快乐的人,应是一个快乐者。快乐的人不会去强求,也不会将外物看得比心灵上的享受更重要。快乐不是随心所欲,只是不勉强自己做那些根本做不到的事,拿那些本不属于自己的东西。凡事有缘定,看得开的人就是富有的人,看不开的人只能守着自己狭窄的心灵,不断追问快乐究竟在哪里,而快乐正从他身边无奈地经过。

对自己满意,就是幸福

有智慧的人,从周围取乐,没有智慧的人,希望别人给予快乐。

一位得道的禅师预感自己即将圆寂,他想把衣钵传给最优秀的弟子,于是对弟子们说:"现在是夏天,树林里的树木长得茂盛,你们谁能找到最完美的一片绿叶,谁就能继承我的衣钵。"

徒弟们走进树林,各自去寻找完美的叶子。可是每片叶子都不一样,各有各的形态美。他们逐一比较,看得眼花缭乱,也无法选出最完美的,最后无功而返,对师父说:"师父,世界上有那么多叶子,怎么可能有最完美的一片?请您不要为难我们了。"

这时,一位徒弟回来了,他举着手中的叶片说:"师父,我找到了最完美的一片!"

其他徒弟看那叶子,原来只是极普通的一片。他们开始挑剔这片叶子的毛病,那个徒弟却坚持说:"在我看来,这就是最完美的一片!"

禅师会然一笑,宣布将自己的衣钵传给这位弟子。

在有智慧的禅师看来,一件事物的价值应由心灵决定,自己认为最满意的一片叶子,什么也替代不了。同理,对自己满意的人就是最完美的人。这种满意并非自恋,而是不论有优点还是有缺点,自己都能够客观地接受自己,欣赏自己的好处,努力克服不足。这种状态就是心灵的理想状态,这样的人幸福感也最高。

对自己的满意程度,代表了心灵的健全程度。一个人是否成熟表现在他对抗挫折的能力上、对待生活的态度上。如果一个人对待挫折总是畏畏缩缩,不敢迈步;对待生活始终牢骚满腹,没有欢喜,这个人既缺乏生存的能力,也缺乏幸福的能力。

想要对生活满足,首先要对自己满意。不要难为自己,要相信我们每个人都是这个世界上独一无二的个体,没有人能代替。我们的能力也许不够理想,但好在每天都有进步,好在我们有美丽的梦想,并有实现它的决心,这样的自己值得骄傲。

一条龙遇到了一只青蛙,它们相互吹嘘着自己的生活。

龙说:"我住的地方是广阔的东海,我每天在那里畅快地冲浪。东海的浪涛能有几十米高,波澜壮阔,气象万千!"

青蛙说:"我的住处是一个池塘,那里清幽宁静,冬天有雪,夏天有莲花,非常适合修身养性!"

龙说:"我每天能在白云上行走,还能降下大雨,我每天都很威风。"

青蛙说:"我每天都在池塘里唱歌,还能在陆地上跳舞,我每天都非常快乐。"

龙和青蛙的对话还在继续,一位禅师听到后说:"龙的生活固然自在,但这只青蛙却更有禅心,他不卑不亢,能对自己满意,就是最大的成熟。"

这是一条龙与一只青蛙的对话,读完之后,我们羡慕的不是那只每天行云布雨、威风八面的龙,却是那只守着一方池塘,每天不是唱歌就是跳舞的青蛙。那种悠然的心态让人向往,以这样的心态生活,定会每一天都有笑容,每一刻都是惬意满足。

对自己满意是自信的表现,不但对自身的素质自信,也对生活的现状自信。日常生活中有理不完的琐事，如果没有一个自信轻松的状态，很容易烦恼缠身，还能谈什么悠然自得。而自信的人面对烦恼总是表现得成熟而且稳重，他们不把小烦恼当一回事，对于大烦恼则会立刻制订根除计划。因为有自信，任何时候他们都能从容。

修禅的人因为内心清净空明，对自己能够有正确的认识，但他们也会对自己有所不满，希望自己更加完美。其实事物都是相对的，完美也是如此，修禅更是如此。不必强求什么，强求就失了本来的韵味；也不必规定什么，规定就失了自在的心态。用最轻松自然的方式审视自我，发掘自己，就会发现每个人都是一片值得欣赏的叶子，因为独特，所以完美。

拥有现在才算拥有人生

体悟每一天都是生命最好的一刻，才能算是了解人生的人。

一个渔夫在海里捕鱼，几天没有收获，终于在回航的时候用网捕到了一条小鱼。网里的小鱼苦苦哀求渔夫说："我的年纪还小，还没有长成大鱼，还有很多想要去经历的事。如果你愿意放了我，等再过几年，等我长成大鱼，我一定会主动来找你，到时候任你处置。"

渔夫说："我也有几天没有吃东西，如果我不能及时得到食物，几年后，我已经成了一堆白骨，你又去哪里找我呢？人不会为了没有希望的机会抛弃现在的利益。"说着，农夫收了网，将小鱼捞了上来。

天真的小鱼希望渔夫给它几年自由的时间，却忘记聪明人都知道"当下"的重要，比起空头支票，眼前的利益才最需要把握，没有眼前，何来未来？人们追求的都是实实在在的东西，虚无缥缈只适合那些空想主义者，而且所有人都知道，空想主义者最不济事。

人们看重当下，因为昨日已经过去，无法追回，过往的欢乐泪水都已经成为回忆，可以珍惜，但不必迷恋；明日还未到来，即使有雄心壮志也尚在孕育之中，还没能被我们掌握。我们能够得到的只有今天，能够改变的只有当下，能够争取的也只有眼前的每一分每一秒。

没有当下就是轻视过去。当下的美好能让过去的伤口抹平，当下的努力能将过去的辉煌延续，不论过去是喜是悲，重视当下是对过去最好的交代。没有当下就没有未来。如果没有今日的积累，就没有明日的成就，没有今日的忍耐，就没有明日的壮大……一个人只有把握住当下的时光，才能算是把握了自己的人生。

很久很久以前，在一片田野上，有两条小河流。它们灌溉着东西两边的土地，使那里的人们安居乐业，安定地生活。人们很尊敬地将两条小河称为"母亲河"。

日子久了，一条小河开始不满足目前的生活，它说："我们的生活真没意思，每天都在这偏僻的村庄，不知道外面的世界究竟是什么样子，难道你不想出去看看吗？"

另一条小河说："做什么事都不能好高骛远，我们现在不是滋润着一方土地，养活着一方百姓，这不是最好的生活吗？你为什么非要出去？"可惜它的劝告没什么效果，那条小河义无反顾地冲向远方，再也看不到了。

很多年后，留在原地的小河听到了出走小河的消息，它进了沙漠，终于干涸。因为它的离开，东边的土地不再肥沃，人们只好迁到西边，并拓宽了河道，让小河更加宽阔。西边的小河叹息道："有追求是好事，但是，做好眼前的事不是更重要吗？每天看着劳作的男人、织布做饭的女人，还有那些快乐的孩子，不就是最好的事？"

"当下"不仅仅是个时间概念，它还代表了一种生活状态，包括你的心态、你所处的环境、你身边的人以及他们对你的态度，所有这些因素加起来就是完整的"当下"。"当下"常常不能让人满意，亟待改变，但有些人不是以当下为基础，变得更好，而是好高骛远，就像那条最后冲进沙漠的小河，不能好好把握当下，就会损失未来。

什么是真正地拥有？镜中花水中月虽然美好，却不能握在手中，只能给你一时的视觉刺激，很快就会消失无踪。世间很多事都如镜花水月，你如果过于留恋这种虚幻的假象，就会浪费最珍贵也最实际的"当下"，一旦"当下"成为过去，你会发现自己两手空空。

心系当下，由此安详。修禅者之所以被人称为智者，是因为他们能够看透什么是真正的"当下"。那些虚幻的事物并不能当做寄托，"当下"是实实在在的境遇与勤勤恳恳的努力。接受"当下"也许不困难，把握"当下"却要有强大的意志力，"当下"不能用来沉湎，而是应该奋斗。"当下"是一种"因"，你想要什么样的"果"，就必须握住现在的时光，努力耕耘，期待收获。

咸有咸的味道，淡有淡的味道

酸甜苦辣咸，独味难成席。

弘一法师俗名李叔同，我们经常听到的《送别》这首歌就是根据他的词谱曲的，当人们唱着"长亭外，古道边，芳草碧连天"为朋友送别时，李叔同为潜心钻研佛学，出家为僧。

从此世间便有了许多关于弘一法师的故事。据说有一次，弘一法师因故在某地暂时停留，有朋友去看他，见他正在吃一盘咸菜，没有任何其他饭菜。朋友说："你只吃这一盘咸菜，不吃其他饭菜吗？"弘一法师答："咸有咸的味道。"

第二天，朋友又去看望他，见他正有滋有味地喝一壶白开水，说："你难道不泡茶叶吗？"弘一法师答："淡有淡的味道。"朋友反复思量这两句话，觉得深有禅意。

长亭外，古道边，天之涯，地之角，人生百味，人生百态，有太多东西值得我们去体会。就像一桌精心烹饪的酒席，你如果只吃其中一道菜，未免辜负了厨师的苦心准备。如果想要尝遍所有菜肴，自然就会有爱吃的，不爱吃的，味道好的，味道不好的。

味道是主观的，你觉得好自然是好，你觉得不好的，别人也有可能当做珍馐。唯有知道"咸有咸的味道,淡有淡的味道"才算行家。因为它的判断标准已经超越了个人的喜好,视角更加客观,视野更加广阔。这样的人,更懂得如何品味人生。

人生的味道需要细细品,你没办法说哪种味道更好。人们想要避开苦味,但苦味能够让神志清醒;人们喜欢沉浸在甜味中,甜味却会让人麻痹在现状中,忘记居安思危。就像人吃饭五谷杂粮都要有才算健康,五味俱全才能保持心智的平衡。不要刻意去追求某种味道,你需要多多尝试,多多体验,尝遍诸般味道才算真正的人生。

将军的战马陪伴将军驰骋沙场,立下赫赫战功。年老后,它被卖给一个农夫,每天帮农夫推磨。每天晚上,战马想起它在战场上飞奔的日子,不禁老泪纵横,它多么希望回到年轻的时候,依然是那匹受人尊敬的战马。

农夫听到它的哭声,关心地询问:"你怎么哭了?有什么难受的事?"

"我是一匹优秀的战马,现在却只能像驴一样推磨,我想到这件事就难受。"战马说。

农夫拍拍马的头说:"我理解你的心情。其实,我以前是一个英勇的士兵,立下过不少功勋。退伍后,我在这里当一个普通的农夫。可是我没觉得现在的生活有什么不好,比起打打杀杀,现在的生活虽然一样累,但好在悠闲,神经每天都是放松的,这种生活不也很好吗?"

老骥伏枥,志在千里,故事中的老马仍然希望驰骋沙场,退役的将军告诉它,每种生活都有它令人难忘、让人激动的地方,所以不要只想着过一种生活,应该习惯各种生活。忙碌的时候就享受奋斗的充实,能够休息的时候就享受身心的放松,这样的人生最丰富也最自然。

人们很怕尝惯了的味道出现转变,因为心理会出现极大的落差。这个时候就要调整心态,尽量习惯新的味道。同样是苦味,盐水和茶香滋味完全不同,就看你愿意将眼前的生活看做是一汪泪水,还是一杯苦过之后会有清香的茶水。

修禅之人也有高下之分,那些深山独院,隐居避世的,往往成就不高。

而那些大隐隐于市,尝遍人生诸般坎坷的,才能达到真正的禅境。因为一颗心想要丰富,就需要各种味道,从中获得更多的人生经验,提炼各种智慧。为什么那些修为极高的人遇到什么事都能泰然处之?因为他们已经习惯品尝生活的各种滋味,不再惊恐也不再强求,禅心所向,自然就好。

感悟依附于心灵,快乐依附于生活

禅不是离开生活,而是醒着生活。

一个贫穷的乡村教员今年已经63岁了,他一辈子过着清贫的生活,没有结婚;到退休时也只是个普通教师,没有职称。但他看起来乐观开朗,有人好奇地问他:"你活在世上一辈子,却什么也没有得到,你为什么还能这么高兴?"

教员说:"你生过病吗?比如,重感冒。"询问的人点头,教员说:"卧病在床的时候,喉咙里有痰,你才能察觉平日的喉咙有多舒服;高烧烧得头疼,你会怀念平日脑子清醒;躺在床上什么也不能做,就会知道即使没有得到什么,像普通人一样生活,也好过生病。"

生过病的人会格外珍惜健康,经过大起大落的人会格外珍惜生活。一份普通生活是美好的,能够用工作证明自己的才华,靠学习提高自己的能力,感受与人交往时的点滴情谊,这是普通的生活,也是每个人能够拥有的最好的生活。只是人们往往觉得它单调,缺少戏剧性,总是期待着电影小说里的那些"奇遇"会降临到自己身上;或者羡慕别人那看来无比光鲜的日子,认为那才叫真正的生活,那样才会有真正的快乐。

不要以为快乐是生活以外的东西,快乐的确来自心灵,笑脸不代表快乐,只有心中的充实快慰才能叫做快乐,但哪一种快乐能脱离生活呢?我们快乐,是因为在生活中遇到了让我们开怀的人或物,也许是读到了一本感动的书,也许是听到了一首美妙的歌,也许是和亲密的友人闲聊了一个下午。心中的感觉全都是来自外界,快乐由外界给予,由我们自己决定,但它终究依附于生活。试想有一天你身边空无一人,你什么也看不到摸不到,还能快乐吗?

不只是快乐如此,我们能够拥有的每一件事物,每一份感悟也都与生活息息相关。我们参与其中,有时是主动者,接受了生活并改变着生活,不对生活的磨难屈服,实现自己的愿望,得到生活的回报;有时却是被动者,诅咒着生活并被生活改变,由意气风发变得庸碌无为——同样的生活,不同的人生,只看你如何选择如何行动。

欧根教授是牛津大学有名的学者。一次,他的学生问他:"老师,我今年22岁,仍然说不清什么是快乐,也许你的阅历能够给我指点迷津。"

欧根教授说:"我今年44岁,比你大了一倍,我也是刚刚知道这个问题的答案,它来自我的11岁的女儿。"

"11岁?您的女儿是个天才吗?"学生惊叹。

欧根教授回答:"她不是天才,她只是个普通的小学生。前几天,我看到她写的一篇日记,她写了自己快乐的一天:上午和小伙伴在公园野餐,下午给爸爸妈妈烤了一个蛋糕,晚上得到了叔叔送她的一本书。你看,我们一直寻找快乐,小学生却很轻松地找到了答案。"

了解快乐的人并不一定是饱经沧桑的智者,这样的人有时倒显得郁郁寡欢。有时候小孩子更明白快乐的真谛究竟是什么。小孩子的生活天真而简单,他们能够为一次野餐、一块蛋糕、一本书而开怀,这些生活上的小事,在大人看了不值一提,却成了小孩子们的快乐。

想要快乐,就要学学小孩子的那种心态,小孩子野餐的时候,不会想这一餐花了多少钱,收拾起来会不会麻烦,下一次野餐不知在什么时候;小孩子吃蛋糕的时候,会满足地沉浸在香甜的滋味中,不会担心摄入了多少卡路里,也不会在乎吃蛋糕的地方是不是精美的咖啡厅;小孩子得到礼物的时候,不会在意礼物的价格,不会想着什么时候需要回礼……一个人只有做到专心致志地享受生活,才能有一颗不老而快乐的心。

在生活中,我们希望自己有更高的悟性,特别是那些快乐的感悟,如果能常常放置在心灵中,就能让我们有一份不老的心态。不过,要记住切不可远离生活,因为所有的感悟都来自于生活,那些快乐的事更需要你从也许并不如意的生活中一点一滴摄取。只有那些善于从平凡中发现光点,并把这些光点聚集在心中的人,才是真正内心光明的禅者,也是看穿俗世纷扰的快乐之人。

远离欲望,换回身心平和

人若沦为欲望的奴隶,便会丧失心灵的宁静。

一个商人赚了很多钱,却总是不知满足,他向一位禅师求教说:"我也知道不该如此贪心。可是,赚钱的机会总是跑到我眼前,我如何不伸手去拿?这也不能都怪我,只怪造化。"

禅师说:"且听我给你讲个故事。古时有个旅人,在沙漠里走了几天几夜,十分口渴,这时看到一处清泉,他连忙跳进泉水之中,张开嘴喝那泉水。喝着喝着,他已不再干渴,他对那泉水说:'我已经喝够了。'但泉水依然流入他口中,他急得大叫:'够了!够了!'施主,你认为这个人如何?"

商人说:"这个人太可笑了,他只要离开泉水,不再去喝就行了,怎么能让泉水停下?"

禅师说:"没错,只要自己离开即可,自己的行为,又何必责怪泉水、怪罪造化呢?"

每个人都会检讨自己,但这检讨有真有假,有些人口头说说,有些人却是从心底认为自己的行为出现偏差。故事里的商人就是个做口头检讨的人,名为求教,心里却未必把贪心当成一回事,还隐约为自己能赚到很多的钱得意。对这种有了成绩就归于自己的努力,有了失误就推给他人的人,禅师很直接地告诉他:"不要找理由,你不是不能,而是不愿。"

就如禅师所说,修禅之人不能远离生活,却要远离欲望。欲望是知足的大敌,它让我们得到的一切都失去应有的色彩,因为贪婪的心会不断挑三拣四，告诉自己这个不够好。这样一来，人们无法知足，他们整天不满这个不满那个，总想着换一个更好的。生活中的一切都并非无缘无故，说起"换"谈何容易？而欲望却促使人们不停更换，不断追逐，人们往往刚刚扔掉旧的东西，立刻又要扔新的东西，眼睛还要盯着更新的东西，疲于奔命。

欲望加速人的衰老。这样的人生就像负重的旅行，每走一段路，重量就要增加一些。初时觉得这些重量让生命不再那么轻飘，不知不觉间，它越来越重。糟糕的是，人的负重能力也在不断增加，我们无法及时察觉负担重了，直到它即将把我们压垮，我们才终于听到心灵奄奄一息的声音，才想到应该让它喘口气。

汉斯是个成功的企业家，拥有一家大公司，他每一天都在为扩大自己的事业而奔波。有一天，他累倒在机场，被秘书送进了医院。

诊断结果，汉斯患上了严重的胃溃疡，他的体重急剧下降。在这种情况下，汉斯仍然坚持在病床上工作，秘书每天拿来大量的文件，都需要汉斯思考，决策。医生严肃地与汉斯谈话，警告汉斯不要继续操劳，否则会有严重后果。

汉斯说："可是，医生，我不能停下来。我的公司还在发展期，如果我不管，它就会原地踏步，甚至被别的公司吞并。我不想看到这种事发生。"

"如果你再不收敛，不用多久，就会一命呜呼，你的事业就会由别人接手，这就是你想看到的？"医生说，"你听我的话，试着让自己轻松一下，不会影响你的事业。"

汉斯没办法，只好把公司暂时交给几个亲信，自己去国外疗养半年。半年后，汉斯的健康状况得到极大好转，更重要的是，他的心态发生了转变。在每日与湖光山色为伴的过程中，他明白了生命中还有太多需要享受的东西，赚钱不是最重要的事。回到公司后，汉斯注意劳逸结合，没想到的是，在他一张一弛的工作方式下，他的生意竟然更好了。

有些东西需要收敛，有些东西需要放松。舍弃那些不必要的欲望，才能换回相对轻松的生活。就像故事中的汉斯老板，重病一场他才明白劳逸结合的重要。或者说，他不是不明白自己需要休息，而是从前太不知足，总是想着赚取更多的金钱。为了金钱宁可放弃健康、放弃生活,这无疑是一种糟糕的选择,如果内心不知满足,人们永远会做出这种选择。

曾有一位名人说:"如果你一直不满足,即使得到整个世界,你依然是不幸的人。"不能舍弃欲望的人就不能知足——这里的"欲望"指的是那些过度的,不切实际的念头,并非人们正常生活必需的那些愿望。不知足的人内心永远不完整,他们总是觉得心里空空的急需填补,但填了多少东西进去依然觉得空。他们不知道心灵的空虚只能用心灵上的享受填补,加进更多的欲望,只会让心灵如黑洞般越来越大,越来越黑暗。

"知足"并不是一种消极的生活态度,就算是修禅者,也并不倡导人应毫无欲望, 更不赞同做人不思进取。"知足" 只是我们对待生活的一种方式,比起那些轻视生活与挥霍生活的人,知足者更懂得拥有的可贵。他们的欲望不多不少,恰恰满足生活的要求、事业的要求、心灵的要求,自然比别人更加轻松愉快。

慢一点,欣赏生命中的风景

当你心中有美时,从你眼中看到的世界将会不同。

有一个木制车轮被人砍下一个角,它从此成了废物,再也不能使用。车轮很伤心,它决定找一块合适的木块填补自己,使自己重新变得完整、有用处,于是它开始长途跋涉。

它走得很慢,一路上,它看到了美丽的草原、鲜艳的花朵,还有各种各样的动物。累了,他就在柔软的草地上打盹,听着风和小鸟的歌声,觉得心中十分安宁。

终于有一天,它找到了合适的木片,又变成了一个车轮。再次被装到车上时,它发现自己只顾着向前滚动,再也看不到美丽的风景,再也听不到动人的歌声。它觉得很痛苦,原来残缺也有残缺的好处,一旦走得太快,就会错过很多东西。

常听人感慨世事难两全，但不能两全也许并不是一件坏事，残缺的部分有时能给人带来惊喜。就像故事中残缺的车轮想要变得完整，一番旅程后，它突然明白当一个人太过圆满、太过急切，就会错过很多重要的东西。生命的意义不是不停赶路，有时需要步调慢一点，眼光不要只盯着前方不放，才能更好地欣赏大千世界。

一个人如果能以欣赏的眼光看待周围的一切，即使他不富有、不特殊、不引人注意，却也会有一份他人比不上的充实心态。人生的富足不在于拥有和索取，而在于你的心灵发现了什么。凡事如果囫囵吞枣，就会没了滋味。人要想有一双发现的眼睛，就要学会放慢步调，仔细观察周围的事物，用心体会周遭的每一个细节。当你能够做到用心灵体会周围事物的每一个起伏，你便拥有了一颗禅心。

我们处在一个忙碌的时代，身心每一天都在高速运转，大街上终日都有匆匆忙忙的身影。人们为了生计奔波，在这样的情况下谈参禅，何其不易。但也正因如此，心灵才更需要禅来舒缓。我们的心就像一块柔软的布，被现实浸透挤压，皱皱巴巴，沾上各种泥浆，越来越硬。我们需要清风舒展它，需要细雨洗涤它。亲近自然，领悟禅意，就是心灵的清风细雨。

格林先生是个忙碌的英国人，每天都在为工作奔忙，连周六周日也不得休息。这一天，格林先生联系了一个位于偏远牧场的厂商，他开着自己的车去签合同。归途中，汽车抛锚，他打了电话给汽车公司，汽车公司的人向他道歉，说要半天以后才能来拖车。格林先生自认倒霉，给自己的妻子打了个电话，妻子说："既然晚上车才能回来，这个时间你不妨下车散散步，看看景色。"

格林先生本想在天黑前回到公司交差，现在，他知道交差无望，索性下了车，走向田野。此时是秋天，金黄色的野草蔓延在阳光下，有三三两两的牛羊在散步。眼前的美景让格林先生忘记了所有的郁闷。更让他奇怪的是，这样的景色他明明经常看到，为什么今天格外入眼？

　　格林先生一直逛到天黑。回家后,他对妻子说起今日的经历,妻子说:"太忙碌的人就会忘记身边的风景。看来,我们应该经常去野外游玩,陶冶我们的身心。"

　　人们常觉得活得累,并不是因为生活本身就劳累,而是因为他们不肯停下来休息。故事里的格林先生因为一次意外的抛锚,看到了那些被他忽略已久的风景。如果一个人能常常提醒自己慢下来,就能多一些时光享受这美丽的世界。慢一点并不是停滞,只是让脚步更加舒缓,让目光更加柔和,让心灵更加空旷。

　　万物都是美丽的,特别是置身自然之中,绿色的树木能够舒缓你的双眼,清新的花香能够拯救你被人工香料"荼毒"已久的鼻子,广阔的天地能让你舒展被格子间束缚的四肢……人类是自然的一部分,亲近自然的时候,你才能找回生命最初的宁静,你会明白自己的渺小,察觉自己的幸福,懂得什么是满足。

　　禅,就是一种回归到自然,体味生命本源的灵性。最简单的东西最能让人心情放松,也最有价值。多多体会简单的东西,那些能给你满足的事物就在你的身边:美丽的风景不应该只是一种摆设;心中的事业也不该是折磨人的重担;随着岁月增长的不是年龄,而是更多欢乐的机会,更加丰富的见闻,更为平和的心境。保持一颗禅心,记得生命最初的那份平和与透彻,不论顺境逆境,都能自得其乐,笑对人生。